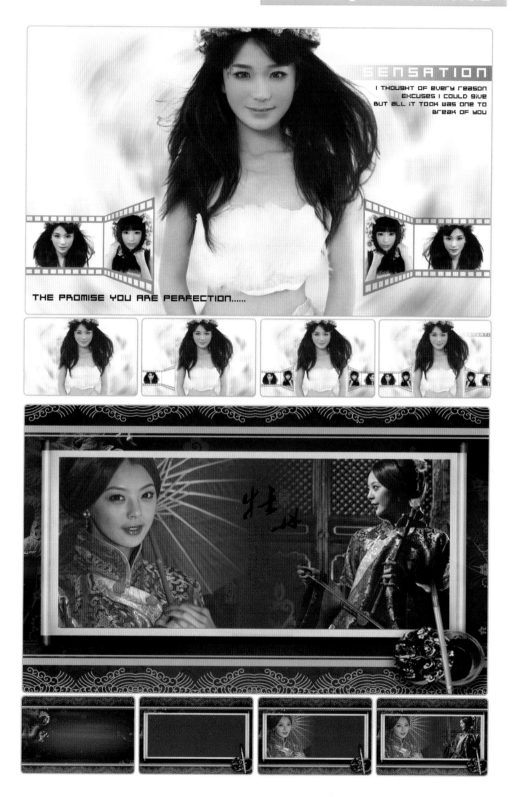

外行学

神龙工作室 编著

Photoshop CS4数码照片处理

从入门到精通

人民邮电出版社

北京

图书在版编目（CIP）数据

外行学Photoshop CS4数码照片处理从入门到精通 /
神龙工作室编著. -- 北京：人民邮电出版社，2010.4
ISBN 978-7-115-22250-3

Ⅰ. ①外… Ⅱ. ①神… Ⅲ. ①图形软件，
Photoshop CS4 Ⅳ. ①TP391.41

中国版本图书馆CIP数据核字(2010)第024271号

内 容 提 要

本书是指导初学者利用 Photoshop CS4 处理数码照片和设计制作婚纱照片、写真照片的入门书籍。书中详细地介绍了初学者在使用 Photoshop CS4 处理数码照片时必须掌握的基础知识、使用方法和操作技巧，并对初学者在使用 Photoshop CS4 处理数码照片时经常遇到的问题进行专家级的指导，以免初学者在起步的过程中走弯路。本书分为 9 章，分别介绍了 Photoshop CS4 的操作界面，如何使用 Bridge 来查看并管理照片，如何使用 Camera Raw 处理图像，利用 Photoshop 对数码照片进行处理的基本技巧，以及如何运用图层、通道和蒙版配合滤镜对照片进行更深一步的设计处理，制作出特殊的照片效果。在最后两章中主要介绍写真照片、婚纱照片的设计与制作，以及如何将数码照片应用于商业领域的广告制作和宣传中。

本书附带一张精心开发的专业级 DVD 格式的多媒体电脑教学光盘，它采用全程语音讲解、情景式教学、详细的图文对照和真实的情景演示等方式，紧密结合书中的内容对各个知识点进行深入的讲解，大大地扩充了本书的知识范围。同时光盘中附赠了几十个外挂滤镜使用手册以及 2GB 高分辨率、高清晰度的婚纱照片模板，500 多个画笔素材和 1 000 多个形状素材，使本书真正物超所值。

本书既适合 Photoshop CS4 的初、中级读者，又适合广大 Photoshop CS4 软件爱好者以及各行各业需要学习 Photoshop CS4 软件的人员使用，同时也可以作为大、中专类院校或者相关行业的培训教材，对有经验的 Photoshop 使用者也有很高的参考价值。

外行学 Photoshop CS4 数码照片处理从入门到精通

- ◆ 编　著　神龙工作室
  　　责任编辑　马雪伶

- ◆ 人民邮电出版社出版发行　　北京市崇文区夕照寺街 14 号
  　　邮编　100061　　电子函件　315@ptpress.com.cn
  　　网址　http://www.ptpress.com.cn
  　　北京隆昌伟业印刷有限公司印刷

- ◆ 开本：787×1092　1/16
  　　印张：22.75　　　　　　　　　彩插：2
  　　字数：586 千字　　　　　　　2010 年 4 月第 1 版
  　　印数：1 – 6 000 册　　　　　 2010 年 4 月北京第 1 次印刷

ISBN 978-7-115-22250-3

定价：39.80 元（附光盘）

读者服务热线：(010)67132692　印装质量热线：(010)67129223
反盗版热线：(010)67171154

电脑是现代信息社会的重要标志，掌握丰富的电脑知识，正确熟练地操作电脑已成为信息化时代对每个人的要求。为了满足广大读者的需求，我们针对不同学习对象的掌握能力，总结了多位电脑高手、高级设计师及计算机教育专家的经验，精心编写了"外行学从入门到精通"丛书。

 ## 丛书主要内容

本丛书涉及读者在日常工作和学习中常见的电脑应用领域，在介绍软、硬件的基础知识及具体操作时，都以大家经常使用的版本为主要的讲述对象，在必要的地方也兼顾了其他的版本，以满足不同领域读者的需求。本丛书主要涵盖以下内容。

《外行学电脑与上网从入门到精通（老年版）》	《外行学电脑与上网从入门到精通》
《外行学Photoshop CS4从入门到精通》	《外行学Photoshop CS4数码照片处理从入门到精通》
《外行学AutoCAD 2010从入门到精通》	《外行学网页制作与网站建设（CS4）从入门到精通》
《外行学Excel 2003从入门到精通》	《外行学PowerPoint 2003从入门到精通》
《外行学Office 2010从入门到精通》	《外行学Word/Excel办公应用从入门到精通》
《外行学Word 2003从入门到精通》	《外行学系统安装与重装从入门到精通》
《外行学Access 2003从入门到精通》	《外行学Office 2003从入门到精通》
《外行学Windows XP从入门到精通》	《外行学Windows 7从入门到精通》
《外行学电脑家庭应用从入门到精通》	《外行学笔记本电脑应用从入门到精通》
《外行学电脑炒股从入门到精通》	《外行学网上开店从入门到精通》
《外行学黑客攻防从入门到精通》	《外行学电脑组装与维护从入门到精通》
《外行学电脑优化、安全设置与病毒防范从入门到精通》	

 ## 写作特色

■ **实例为主，易于上手**：全面突破了传统的按部就班讲解知识的模式，模拟真实的工作环境，以实例为主，将读者在学习过程中遇到的各种问题以及解决方法充分地融入到实际案例中，以便读者能够轻松上手，解决各种疑难问题。

■ **学练结合，强化巩固**：通过"练兵场"栏目提供精心设计的上机练习，以帮助读者将所学知识灵活应用于工作实际。

■ **提示技巧，贴心周到**：对读者在学习过程中可能会遇到的疑难问题都以提示技巧的形式进行了说明，使读者能够更快、更熟练地运用各种操作技巧。

■ **双栏排版，超大容量**：采用双栏排版的格式，信息量大。在350多页的篇幅中容纳了传统版式400多页的内容。这样，我们就能在有限的篇幅中为读者提供更多的知识和实战案例。

■ **一步一图，图文并茂**：在介绍具体操作步骤的过程中，每一个操作步骤均配有对应的插图，以使读者在学习过程中能够直观、清晰地看到操作的过程及其效果，学习更轻松。

■ **书盘结合，互动教学**：配套的多媒体教学光盘内容与书中内容紧密结合并互相补充。在多媒体教学光盘中，我们仿真模拟工作生活中的真实场景，让读者体验实际应用环境，并借此掌握工作、生活所需的知识和技能，掌握处理各种问题的方法，并能在合适的场合使用合适的方法，从而能学以致用。

 ## 光盘特点

■ **超大容量**：本书所配的DVD格式光盘的播放时间长达10个小时，涵盖书中绝大部分知识点，并做了一定的扩展延伸，解决了目前市场上现有光盘内容含量少、播放时间短的问题。

■ **内容丰富**：光盘中不仅提供了所有实例的原始文件和最终效果文件，而且还附赠了几十个外挂滤镜使用手册以及2GB高分辨率、高清晰度的婚纱照片模板，500多个画笔素材、70个动作库、100个样式库和1 000多个形状素材，使读者能够轻松、快速地掌握有关Photoshop CS4处理数码照片的操作技巧，真正做到物有所值。

■ **解说详尽**：在演示各个Photoshop CS4处理数码照片经典实例的过程中，对每一个操作步骤都做了详细的解说，使读者能够身临其境，提高学习效率。

■ **实用至上**：以解决问题为出发点，通过光盘中一些经典实例，全面涵盖了读者在学习Photoshop CS4处理数码照片时所遇到的问题及解决方案。

 ## 配套光盘运行方法

Ⅰ 将光盘印有文字的一面朝上放入光驱中，几秒钟后光盘就会自动运行。

Ⅱ 若光盘没有自动运行，可在Windows XP操作系统下双击桌面上的【我的电脑】图标，打开【我的电脑】窗口，然后双击光盘图标，或者在光盘图标上单击鼠标右键，在弹出的快捷菜单中选择【自动播放】菜单项，光盘就会运行。在Windows Vista操作系统下可以双击桌面上的【计算机】图标，打开【计算机】窗口，然后双击光盘图标，或者在光盘图标上单击鼠标右键，在弹出的快捷菜单中选择【安装或运行程序】菜单项即可。在Windows 7操作系统下可以双击桌面上的【计算机】图标，打开【计算机】窗口，然后双击光盘图标，或者在光盘图标上单击鼠标右键，在弹出的快捷菜单中选择【从媒体安装或运行程序】菜单项即可（在Windows 7操作系统下，将光盘放入光驱后，如果弹出【自动播放】对话框，选择【运行外行学PhotoshopCS4数码照片处理从入门到精通.exe】选项，也可以运行该光盘）。

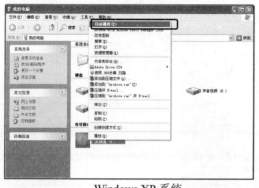

Windows XP 系统

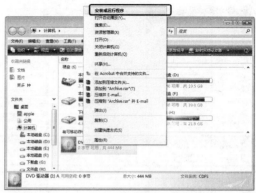

Windows Vista 系统

Windows 7 系统

Windows 7 系统

▓ 由于光盘长期使用会磨损，旧光驱读盘能力可能也比较差，因此最好将光盘内容安装到硬盘上观看，把配套光盘保存好作为备份。在光盘主界面中单击【安装光盘】按钮，弹出【选择安装位置】对话框，从中选择合适的安装路径，然后单击 确定 按钮就可以将光盘内容安装到硬盘中。

Ⅳ 以后观看光盘内容时，只要单击【开始】按钮（Windows XP中为 开始，Windows Vista中为 ，Windows 7中为 ），然后在弹出的菜单中选择【所有程序】➤【外行学从入门到精通】➤【外行学PhotoshopCS4数码照片处理从入门到精通】菜单项就可以了。

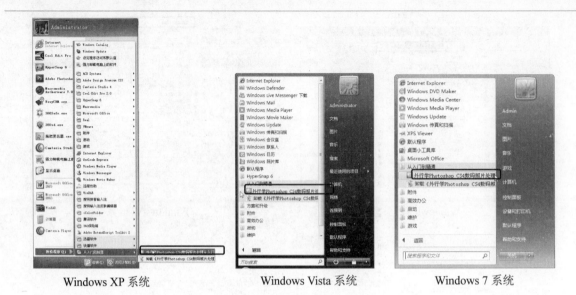

| Windows XP 系统 | Windows Vista 系统 | Windows 7 系统 |

如果光盘演示画面不能正常显示，请双击光盘根目录下的 tscc.exe 文件，然后重新运行光盘即可。

如果以后想要卸载本光盘，则可在【开始】菜单中选择【所有程序】➤【从入门到精通】➤【卸载《外行学 Photoshop CS4 数码照片处理从入门到精通》】菜单项，弹出【您确定要卸载本光盘程序吗？】对话框，然后单击【是，我要卸载】链接，在弹出的【卸载已完成】对话框中单击 确定 按钮即可。

本书由神龙工作室策划编著，参与资料收集和整理工作的有曲美儒、杨磊、楚磊磊、欧阳会丽、马燕、陈冉冉、张彩霞、尚玉琴、邓淑文、王佳妮、郝风玲、郭树美、张英、刘珊珊、张凯等。由于时间仓促，书中难免有疏漏和不妥之处，恳请广大读者不吝批评指正。

本书责任编辑的联系信箱：maxueling@ptpress.com.cn

编者

2010年1月

目录 Contents

第 9 章 数码照片的商业应用

光盘演示路径：数码照片的商业应用

以下内容参见本书光盘

第1章 初识 Photoshop CS4

　　Adobe Photoshop 软件是应用非常广泛的专业图像编辑工具之一，Photoshop CS4 是数字图像处理的旗舰产品。它提供了强大的图像处理功能，与以往版本相比，Photoshop CS4 又重新设计了新的界面样式，更换了 Windows 系统原本的"蓝条"，直接以菜单栏代替。在菜单栏的右侧有一系列常规操作的功能按钮，例如，移动、缩放、显示网格标尺和新增的旋转视图工具等。

　　关于本章知识，本书配套教学光盘中有相关的多媒体教学视频，请读者参看光盘【初识Photoshop CS4】。

光盘链接

🏴 了解 Photoshop CS4 的操作界面

🏴 常用图像文件格式和图像颜色模式的介绍

🏴 Bridge 的使用技巧

🏴 使用 Camera Raw 处理图像

1.1 了解Photoshop CS4的操作界面

与以前的版本相比，Photoshop CS4 的界面更加时尚，并且增加了诸多实用功能。用户可以根据需要选择不同的工作区，并且可以存储或者自定义工作区，还可以对工具箱等进行相应的缩放和组合。

1.1.1　菜单栏

菜单栏中的菜单是执行基本命令的窗口，下面依次介绍各个菜单的功能。

【文件】菜单

【文件】菜单集合了所有的与文件管理有关的基本操作命令。在【文件】菜单中可以完成图形文件的新建、打开、存储、导入、导出、自动、脚本和打印等基本操作。

【编辑】菜单

【编辑】菜单主要用于对图像进行剪切、复制、粘贴、填充和变换等基本的编辑操作。

【图像】菜单

【图像】菜单主要用于完成对图像的模式、颜色以及画布尺寸等的设置。

【图层】菜单

【图层】菜单主要用于对图层进行新建、复制，应用图层样式和合并图层等基本操作。

【选择】菜单

【选择】菜单主要用于对图像的选择区域进行取消、羽化、修改和保存等编辑操作。

【滤镜】菜单

使用【滤镜】菜单中的滤镜特效可以制作出

非常奇特的图像效果。

● 　【分析】菜单

　　【分析】菜单主要用于对图像的测量比例、数据点的选择、标尺工具及计数工具等进行设置。

● 　【3D】菜单

　　【3D】菜单是新增的菜单，主要用于编辑三维图像，例如，创建简单模型和制作 3D 明信片效果等。

● 　【视图】菜单

　　【视图】菜单是一个起辅助作用的菜单，主要

用于对颜色校样、缩放显示窗口以及标尺、网格和参考线等进行设置。

● 　【窗口】菜单

　　【窗口】菜单主要用于控制面板的显示或隐藏，并能对打开的图像文件进行管理等。

● 　【帮助】菜单

　　【帮助】菜单主要用于查看 Photoshop CS4 相关的信息，以帮助用户了解 Photoshop CS4 的各种功能。

1.1.2　工具箱

　　工具箱一般位于主界面的左侧，按住【Alt】键单击工具箱中的工具可以切换到相应工具组中的其他工具。在 Photoshop CS4 中共有 22 个工具组，包含 70 种工具。

　　默认情况下工具箱中只显示几种常用的工具，在部分工具按钮图标的右下角有一个小三角标志 ◢，表示该工具的下方还隐藏着工具组。在带有小三角标志 ◢ 的工具图标上按住鼠标左键或者单击鼠标右键，都可以显示出隐藏的其他工具。

1.1.3　工具选项栏

　　工具选项栏的主要功能是配合工具设置不同的参数。工具选项栏中的部分设置专用于某个工具。当选中工具箱中的某个工具时，在工具选项栏中会显示出相应的工具参数设置。例如，选中【矩形选框工具】▢，工具选项栏中便会出现【矩形选框工具】▢ 对应的参数，在此可以进行相应的设置。

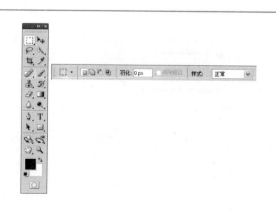

1.1.4 面板井

面板井中各个面板的功能主要是对图像进行各种调节。

默认情况下面板井中显示了几种常用的控制面板。在标题栏中单击其右侧的 基本功能 ▾ 按钮，在弹出的菜单中可以选择不同的面板显示模式。

单击面板井中面板的图标，即可打开相应的面板，再次单击即可还原。在处理图像的过程中，可以根据需要在菜单栏中选择【窗口】菜单，在弹出的菜单中选择所需的面板。下面介绍各个面板的基本功能。

● 【颜色】面板

该面板的作用是利用 6 种颜色模式的滑块准确地设置和选取颜色。图像的颜色模式不同，显示的相关信息也不同。单击该面板右上角的 按钮，在弹出的面板菜单中可以选择颜色模式滑块选项。

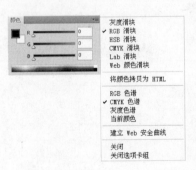

● 【Kuler】面板

选择【窗口】▶【扩展功能】▶【Kuler】菜单项，会打开【Kuler】面板，通过连接网络浏览【Kuler】网站上的多个主题，还可以下载其中的主题进行编辑，该功能在设计网页模板的颜色搭配过程中非常有用。

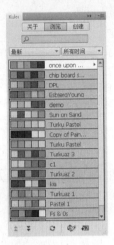

● 【色板】面板

该面板的作用是提供系统预设的颜色，以便在操作的过程中选取、设置和保存颜色。

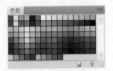

● 【样式】面板

该面板的作用是提供预设的图层样式效果，在操作的过程中可以直接将样式应用到图层中。

【图层】面板和【路径】面板

【图层】面板的作用是显示各个图层的信息和图层的操作等内容。【路径】面板的作用是创建矢量式的蒙版路径，保存矢量蒙版的内容等。

【通道】面板

该面板的作用是将图层分为不同的颜色通道来记录图像的颜色数据，对不同的颜色通道进行各种操作以及保存图层蒙版的内容。

【调整】面板

这是 Photoshop CS4 新增的面板，主要用于调整图像的色调和饱和度等，并且在【图层】面板中能随之新建调整图层，可以进行重复编辑或删除等操作。

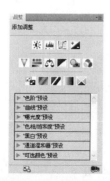

【蒙版】面板

这也是 Photoshop CS4 新增的面板，其功能与【图层】面板下方的【添加图层蒙版】按

钮 的功能相同，并在其基础上进行了扩展，增加了调整滑块，大大提高了处理图像的效率。

【导航器】面板

该面板的作用是显示图像的缩览图，从而可以有效地控制图像的显示比例和图像的显示内容。当显示比例放大时，鼠标指针在面板中显示为 形状，此时按住鼠标左键拖动即可变换显示图像的内容。

【直方图】面板

该面板的作用是显示图像各个部分的色阶信息以及通道模式等内容。单击【直方图】面板右上角的 按钮，在弹出的面板菜单中可以选择该面板的显示模式。

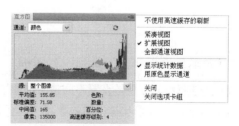

【信息】面板

该面板的作用是显示鼠标指针所在位置的坐标值以及像素值。当对图像进行旋转时，【信息】面板还可以显示旋转角度等信息。

【历史记录】面板

该面板的作用是恢复和撤销指定步骤的操作或者为指定的操作创建快照。单击该面板下方的【创建快照】按钮，即可为图像文件的某个状态创建快照。

【动作】面板

该面板的作用是录制一系列的编辑操作。通过单击面板底部的【停止播放/记录】按钮、【开始记录】按钮和【播放选定的动作】按钮可以完成动作的编辑操作。

【画笔】面板和【工具预设】面板

【画笔】面板的作用是设置不同型号的绘图工具的画笔笔触大小、形状等详细参数。【工具预设】面板的作用是设置【修复画笔】、【裁剪】、【画笔】等工具的预设参数。

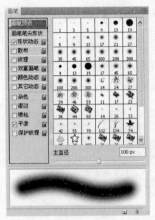

【字符】面板和【段落】面板

【字符】面板的作用是设置文字的字符格式，字符的类型、大小、颜色和行距等相关的属性。【段落】面板的作用是设置段落文字的格式、排列方向、缩进量等相关属性。

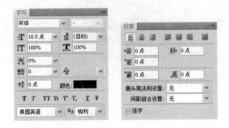

【仿制源】面板

该面板的作用类似于复制工具，并且可以精确设置仿制图像的位置。

【动画】面板

该面板的作用是快速创建 GIF 动画效果。

【测量记录】面板

该面板的作用是保存测量工具曾经执行的测量记录。

【3D】面板

在该面板中可以对场景、灯光、网格和材质等参数进行多样化编辑。

【注释】面板

该面板是为了方便【注释工具】的使用而配备的，方便查看相关信息。

1.1.5 多窗口分布的调整

Photoshop CS4 的图像显示区域与以往的版本有所不同，它采用了网页浏览器的形式排列在工作区中，选中所需的图像文件并按住鼠标左键进行拖动可以变换其位置，还可以将其拖出成为单独的图像窗口。

　　在打开多个图像文件后，在图像显示区域只能显示其中的一部分，如果想选择其他的图像文件，可以单击图像显示区域名称栏右侧的 >> 按钮，在弹出的菜单中选择所需要的图像文件。

　　Photoshop CS4 与 Photoshop CS3 相比，界面最突出的变化就是在原标题栏中增加了更多实用按钮，使浏览图像更加简便。

　　打开需要编辑的图像文件后，在标题栏中可以设置图像的缩放级别、编排文档的排列方式，以及更改屏幕的显示模式等。

例如，打开多个图像文件后，单击【排列文档】按钮，在弹出的下拉列表中单击【四联】按钮，则图像文件的排列会发生相应的变化。

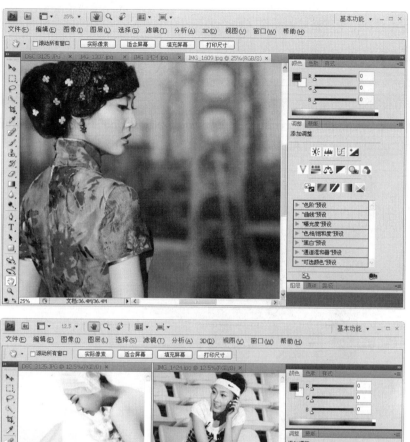

1.2　常用图像文件格式和图像颜色模式的介绍

　　不同的图像处理软件保存的图像格式各不相同，这些图像格式各有优缺点。Photoshop CS4 支持 20 多种格式的图像，可以打开这些格式的图像进行编辑并将其保存为其他格式。

1.2.1 常用的图像文件格式

Photoshop 可以读取多种格式的图像文件并对其进行编辑，本小节介绍几种常用的文件格式。

● **PSD 格式**

PSD 格式的文件扩展名为.psd，这是 Photoshop 软件专用的文件格式，其优点是可以保存图像处理的每一个细节部分，包括附加的蒙版通道以及其他一些使用 Photoshop 制作的效果等，而这些部分在转存为其他格式时可能会丢失。虽然采用这种格式保存的图像文件占用的磁盘空间较大，但是因为保存数据的详尽便于再次修改和编辑，所以在编辑过程中最好以这种格式进行保存。

● **BMP 格式**

BMP 是一种 Windows 标准的点阵图形文件格式，文件的扩展名为.bmp，被多种 Windows 和 OS/2 应用程序所支持。该格式支持 RGB、索引颜色、灰度和位图色彩模式，不支持 Alpha 通道。其优点是色彩丰富，保存时还可以执行无损压缩。缺点是打开这种压缩文件时花费的时间较长，而且一些兼容性不好的应用程序可能打不开这类文件。

● **TIFF 格式**

TIFF 格式文件是为不同软件之间交换图像数据而设计的，因此应用非常广泛。

● **PCX 格式**

PCX 格式的文件扩展名为.pcx。这种格式支持 1～24 位格式、RGB、索引颜色、灰度和位图色彩模式，不支持 Alpha 通道。

● **JPEG 格式**

JPEG 格式的文件扩展名为.jpg。JPEG 是目前所有格式中压缩比最高的格式。该格式保存时使用有损压缩，忽略一些细节，不过在压缩前可以选择所需的最终质量，从而有效地控制压缩后的图像质量。一般选择"最佳"选项，以最大限度保存图像。JPEG 格式支持 RGB、CMYK 和灰度色彩模式。

EPS 格式

EPS 格式的文件扩展名为.eps。这种格式适用于绘图或者排版，其优点是可以在排版软件中以低分辨率预览编辑排版插入的文件，在打印或输出胶片时则以高分辨率输出。

GIF 格式

GIF 格式的文件扩展名为.gif，是一种压缩的 8 位图像文件。这种格式的文件大多用于网络传输上，其传输速度比其他格式的图像文件快得

多。其缺点是最多只能处理 256 种色彩，因此不能用于保存真彩图像文件，而且由于色彩数不够，因此视觉效果不理想。

Photo CD 格式

Photo CD 格式的文件扩展名为.pcd，它是一种以只读的方式保存在 CD－ROM 中的色彩扫描图像格式。该格式只能在 Photoshop 中打开，但是不能保存。

1.2.2　图像的颜色模式

常见的颜色模式包括 RGB 模式、CMYK 模式、HSB 模式、Lab 模式、位图模式、灰度模式、索引模式和双色调模式。

RGB 模式

RGB 模式是主要用在显示器中的一种加色模式，是 Photoshop 主要处理的色彩模式。此模式利用红、绿、蓝 3 种基本色进行颜色加法，混合产生出绝大部分肉眼能看见的颜色。

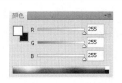

RGB 图像使用 3 种颜色或通道在屏幕上重现颜色。在 8 位/通道的图像中，这 3 个通道将每个像素转换为 24（8 位×3 通道）位颜色信息。对于 24 位图像，这 3 个通道最多可以重现 1 670 万种颜色/像素。对于 48 位（16 位/通道）和 96 位

11

（32 位/通道）图像，每像素可以重现更多的颜色。新建的 Photoshop 图像的默认模式为 RGB，电脑显示器使用 RGB 模式显示颜色。这意味着在使用非 RGB 颜色模式（如 CMYK）时，Photoshop 会将 CMYK 图像转换为 RGB，以便在屏幕上显示。

CMYK 模式

CMYK 模式是一种印刷模式，分别由青、洋红、黄和黑组成。

CMYK 模式又被称为色光减色法，这是因为此模式是打印或印刷的一种减色模式，是通过油墨对光的反射来表达颜色的。

HSB 模式

HSB 模式是根据人的眼睛对色彩的感觉来定义的，其中的颜色都是用色相、饱和度和亮度这 3 个特性来描述的。

H 表示色相，色相是指颜色，例如，红色、绿色、黄色等。色相也可以称为色调，其范围是 0~360。

S 表示饱和度，饱和度是指颜色的纯度或者强度，其范围是 0%~100%，当选择 0%时饱和度是灰色，当选择 100%时饱和度是纯色。

B 表示亮度，亮度是指颜色的相对明暗程度，其范围是 0%~100%，当选择 0%时表现的是黑色，当选择 100%时表现的是白色。

Lab 模式

Lab 模式是 Photoshop 内部的颜色模式，通常情况下很少用到。

Lab 模式是所有模式中包括色彩范围最广的颜色模式。在确保图像色彩真实度的情况下，使用 Lab 模式可以在不同的系统和平台之间交换图像文件。

位图模式

位图模式用黑和白来表示图像中的像素，其位深度为 1，因此也被称为黑白图像或者 1 位图像。

由于位图模式只用黑色和白色来表示图像的像素，所以占用的存储空间最少。要想把图像转换为位图模式，首先应将图像转换成灰度模式，再转换成位图模式。

灰度模式

灰度模式由 8 位像素的信息组成，只有黑、白、灰 3 种颜色，它使用 256 级灰度来表现图像，因此图像的过渡显得更加自然平滑。

索引模式

索引模式是单通道图像，是一种专业的网络图像颜色模式，它包括一个颜色查照表，用来存放图像中的颜色并为这些颜色创建颜色索引。由于在这种模式下可以减少图像的很大一部分存储空间，所以经常被应用到动画领域。

双色调模式

双色调模式使用较少的油墨创建单色调、双色调、三色调和四色调，以尽量丰富颜色层次，这种模式主要是为了降低印刷成本而设定的。

选择【图像】▶【模式】菜单项，在弹出的【双色调选项】对话框中的【类型】下拉列表中可以选择【单色调】、【双色调】、【三色调】或【四色调】选项，对图像的颜色进行变换。

择【双色调】选项进行颜色设置的对比效果。

下面是先将图像转换成灰度模式后，然后选

练兵场　修改颜色模式

数码照片根据其出片途径的不同，一般分为印刷、打印、喷绘等，根据不同设备出片的要求，照片的颜色模式往往也要随之进行调整，因此根据本节的内容试着修改一下数码照片的颜色模式。操作过程可参见配套光盘\练兵场\修改颜色模式。

1.3　Bridge的使用技巧

本节主要介绍如何使用 Adobe Bridge，它可以组织、浏览和查找所需文件，创建供印刷、Web、电视、DVD、电影及移动设备使用的内容，并可以轻松访问 Adobe 文件。

1.3.1　将照片载入 Bridge

本小节主要介绍如何将照片载入 Bridge。拍摄完成后查看照片，首先要把照片从相机（也就是用读卡器读取相机的存储卡）载入到电脑中，启动 Adobe Bridge，它有内置的照片下载功能。

① 启动 Adobe Bridge，选择【文件】➢【从相机获取照片】菜单项。

② 弹出【Adobe Bridge CS4 - 图片下载工具】对
话框，显示将要获取照片的位置和导入设置。

③ 单击 高级对话框(N) 按钮，显示出将要导入的照片
预览，默认情况下将导入存储卡上的每张照
片。

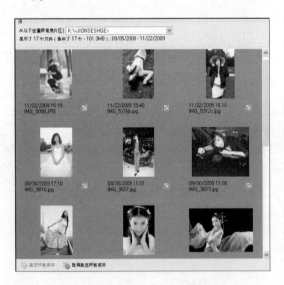

④ 如果个别照片不想导入，可以取消选中图片名
称右侧的复选框。

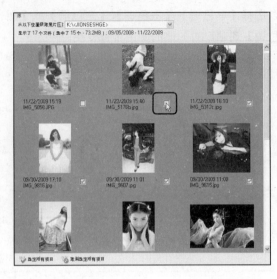

⑤ 如果只想导入个别照片，可以单击预览区左侧
下方的 取消选定所有项目 按钮，然后按住【Ctrl】键
单击要导入的照片。

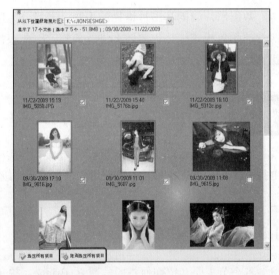

⑥ 选择要导入的照片后，要把这些照片存储到电
脑中，Bridge 默认的存储位置是【图片收藏】
文件夹，如果想另存到指定位置，单击
浏览(B)... 按钮。

⑦ 在弹出的【浏览文件夹】对话框中选择指定的存储位置。

⑧ Bridge 默认情况下照片被放在以拍摄日期命名的子文件夹内，在【创建子文件夹】下拉列表中选择【自定名称】选项。

⑨ 可以在下面的文本框内输入自己命名的文件夹名称。

⑩ Bridge 默认情况下照片名称是拍摄时相机所给定的名字，在【重命名文件】下拉列表中选择命名规则，例如，选择【自定名称+拍照日期（yymmdd）】选项。

⑪ 在【重命名文件】下拉列表中选择命名规则后，可以在下面的文本框中输入名称和数字。

⑫ 在【高级选项】选项组中选中【将副本保存到】复选框，这样能够把导入的照片备份到不同的硬盘。

⑬ 单击 浏览(W) 按钮，在弹出的【浏览文件夹】对话框中选择将要备份的位置。

⑭ 可以在【应用元数据】选项组中的【创建者】文本框中输入作者名字，在【版权】文本框中输入版权信息。

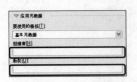

⑮ 单击【Adobe Bridge CS4 - 图片下载工具】对
话框右下方的　获取照片　按钮。

⑯ 弹出正在复制对话框，显示正在导入哪些文件
以及导入的时间。

⑰ 文件导入之后，会以缩览图的形式显示在
Bridge 中，现在可以排序、分级或者进行其他
操作。

1.3.2　改善视图效果

本小节主要介绍如何改善视图效果。

拖动【内容】面板下方的滑块，向右拖动可
以使缩览图变大，向左拖动可以使缩览图变小。

在【内容】面板中显示的照片上单击，照片
就会在【预览】面板内显示。

在【元数据】面板中显示的是预览照片拍摄时数码相机自动嵌入的一些信息，包括相机的制造商、型号、曝光设置以及所使用的镜头焦距等。

双击【元数据】面板的标签，面板会快速折叠到底部，使【预览】面板变大，更方便浏览照片。

将鼠标指针移动到【预览】面板和【内容】面板之间的分隔线上，当鼠标指针变成✛形状时，按住鼠标左键不放向左拖动，可以调大【预览】面板。

选择【窗口】▷【工作区】▷【预览】菜单项。

调整【预览】面板和【内容】面板的位置，将【预览】面板放置在中央位置，可以更清晰地浏览照片。

将鼠标指针移动到【预览】面板和【收藏夹】面板之间的分隔线上，当鼠标指针变成双向箭头✛形状时，按住鼠标左键不放并向左拖动，或者双击，隐藏左侧所有面板，再次扩大【预览】面板。

选择【窗口】▷【工作区】▷【新建工作区】菜单项。

在弹出的【新建工作区】对话框内输入指定的名称，单击 **存储** 按钮即可创建新的工作区。

选择【窗口】▶【工作区】菜单项，在弹出的级联菜单中可以选择已存储工作区的名称，就可以使用该工作区的设置。

将鼠标指针移动到【预览】面板内的照片上，当鼠标指针变为放大镜形状时，单击放大局部区域。

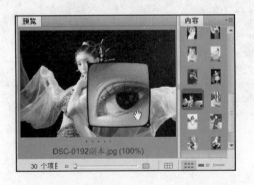

在显示放大区域中当鼠标指针变为抓手工具

形状时，单击放大区域，按住鼠标左键不放拖动放大预览图像到想要放大的位置，即可看到该位置的放大图像。

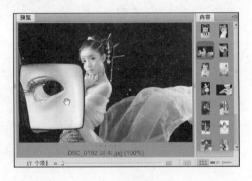

按【+】键将以放大预览，照片下方显示视图的放大比例，按【—】键会缩小放大比例。

如果想在【预览】面板内同时显示两张照片，首先选中一张照片，按住【Ctrl】键的同时选中另一张照片，这样两张照片便会同时显示在【预览】面板内。

同样按住【Ctrl】键并选择多张照片，【预览】面板会重新组织被选择的照片的尺寸和位置来显示所选照片。

如果想要移除【预览】面板内的照片，按住【Ctrl】键并单击【内容】面板内想要移除的照片即可。

当【预览】面板内同时显示多张照片时，仍可以使用放大镜。

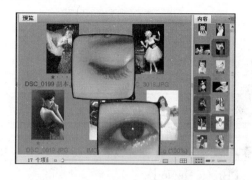

按住【Ctrl】键的同时移动任意一个放大预览区域，所有放大预览的图像可以一起移动。

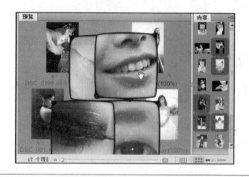

1.3.3 查看、移动和删除照片

本小节主要介绍在 Bridge 中如何查看、移动和删除照片。

1. 收藏夹的使用

① 在 Bridge 窗口左侧有两个嵌套面板，即【文件夹】和【收藏夹】面板。如果这两个面板没有显示，可以按【Ctrl】+【F2】组合键返回到 Bridge 的默认设置。

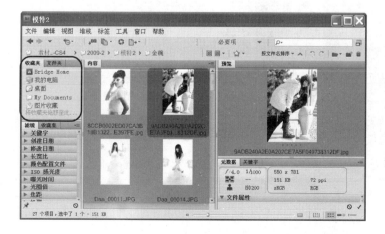

② 【文件夹】面板显示文件夹的层次结构，使用
该面板可以浏览文件夹。

③ 【收藏夹】面板可以快速访问文件夹以及
【Bridge Home】。

④ 要把文件夹添加到【收藏夹】面板中，首先打
开【文件夹】面板，选择要添加的文件夹，单
击鼠标右键，在弹出的快捷菜单中选择【添加
到收藏夹】菜单项，即可将文件夹保存到【收
藏夹】面板中。

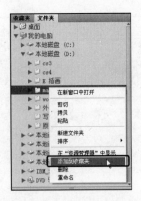

⑤ 单击该文件夹就可以浏览其中的照片。

⑥ 按【Ctrl】+【K】组合键，弹出【首选项】对
话框。

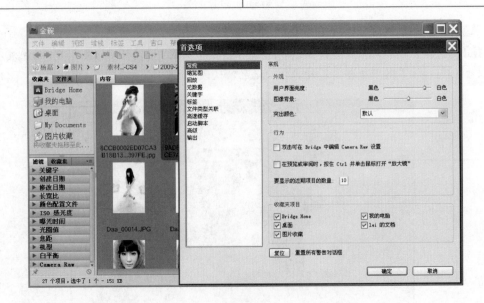

⑦ 选中要移除的项目左侧的复选框，就可以在【收藏夹】面板内移除这一项。

2. 移动照片

① 将照片转移到另外的指定位置，首先在【内容】面板内选择要移动的照片，然后选择【文件】➢【移动到】菜单项，在弹出的菜单中选择要存放的文件夹名称。

② 将照片的副本移动到另外指定的文件夹内，选择【文件】➢【复制到】菜单项，在弹出的菜单中选择要存放的文件夹名称。

③ 使用【文件夹】面板也可以移动照片。在【内容】面板中拖动照片，把照片拖动到【文件夹】面板中要放置照片的文件夹上，照片会从原来所在的文件夹内移除，并放置到该文件夹中。

3. 删除照片

① 删除指定照片，在【内容】面板内选中照片，按【Delete】键，弹出【Adobe Bridge】对话框，单击　删除　按钮，照片将从电脑内删除。

② 单击　拒绝　按钮是只把照片标记，供以后删除，照片下方会出现红色的文字"拒绝"，这张被拒绝的照片与该文件夹中的其余照片一样，在 Bridge 中仍然可见。

③ 要想在【内容】面板内隐藏"拒绝"文件，选择【视图】▷【显示拒绝文件】菜单项，被"拒绝"的照片就会被隐藏。

1.3.4　获取照片的元数据

　　本小节主要介绍如何获取照片的元数据，它可以访问照片的所有背景信息，包括 Bridge 自身添加的所有元数据，如版权信息或者从相机导入照片时添加的自定文件名。如果选择了多个文件，则会列出共享数据，例如，关键字、创建日期和曝光度设置。

　　在 Bridge 中选中照片时，就会看到基本数据显示在【元数据】面板内。

根据元数据可以很方便地找到某张照片或一组照片，因为元数据也自动被【滤镜】面板读取。

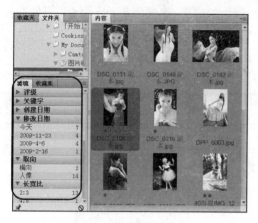

在【文件夹】面板内选择任何一个照片文件夹，它们的元数据会自动添加到【滤镜】面板，它会列出该文件夹内照片的创建日期，以及该文件夹内每个日期创建照片的数量等。

比如，单击【ISO 感光度】折叠面板，显示当前以 ISO 50 拍摄的照片有 2 张，以 ISO 100 拍摄的照片有 13 张等。

如果想要同时显示 ISO 50 和 ISO 100 的照片，单击"50"和"100"的左侧，添加选取标记即可；要删除筛选行，再次单击选取标记即可。

1.3.5　查看和编辑照片元数据

本小节主要介绍如何查看和编辑照片元数据。拍摄照片时，数码相机自动在照片内嵌入大量的背景信息（称做 EXIF 数据），这些信息包括相机的制造商和型号、所使用的镜头、曝光度设置等。用 Bridge 不仅可以查看这些信息，而且可以嵌入自己的自定义信息，如版权信息、联系信息等，Bridge 还显示文件属性，例如，像素大小、分辨率、颜色模式、文件大小等，所有这些嵌入的信息都被统称为照片的元数据。

1. 查看照片元数据

在 Bridge 中选中照片，打开【元数据】面板，了解照片内嵌的所有背景信息，在面板左侧顶部显示该照片的一些拍摄数据，例如，光圈、快门速度、ISO 设置、测光模式等。面板右侧部分显示一些文件信息数据，例如，照片尺寸、大小、分辨率等。面板下方是【文件属性】部分，它显示全部文件信息数据。

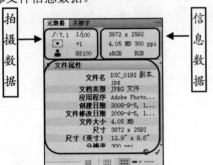

单击【元数据】面板右上角的 按钮，在弹出的下拉菜单中选择【显示元数据布告】菜单项，便会隐藏【拍摄数据】以及其右侧的【信息数据】。

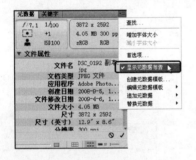

选择【显示元数据布告】菜单项，就可以将这些内容显示出来。

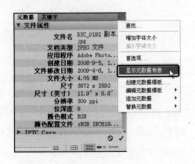

单击并拖动【元数据】面板右侧的滚动条，显示【相机数据（EXIF）】部分，该部分显示相机所嵌入的信息，这些信息不能被编辑只能查看。

单击【元数据】面板右上角的 按钮，在弹出的下拉菜单中选择【首选项】菜单项。

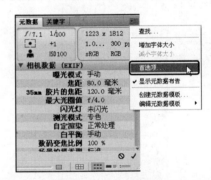

弹出【首选项】对话框，在该对话框内的【元数据】选项组中打开【相机数据（EXIF）】组，会看到完整的可用相机数据字段列表，但是只有字段前的复选框在选中状态下时是可见的，因此，要隐藏该列表中的字段，只要选中字段旁边的复选框即可。另外，还要确保对话框底部的【隐藏空白字段】复选框是选中的，然后单击 确定 按钮，被选取的字段才可见。

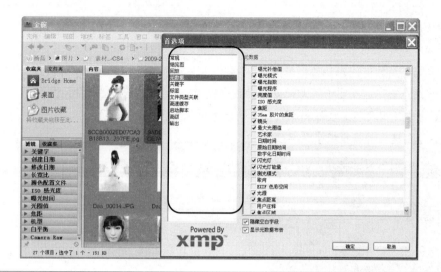

2. 编辑照片元数据

① 【相机数据（EXIF）】选项组中的内容不可编辑，但是可以在【IPTC Core】选项组内添加自定义信息。在【元数据】面板内向下滚动到【IPTC Core】选项组，单击字段右侧的 图标，可以将自定义信息写入该字段。

② 一次把上述信息应用到当前文件夹内的所有照片。按【Ctrl】+【A】组合键选中所有照片，单击想要添加的信息字段右侧的 图标，激活文本框后输入信息，输入完成后按【Enter】键。

③ 调整字体大小。单击【元数据】面板右上角的 按钮，在弹出的下拉菜单中选择【增加字体大小】菜单项。

小提示 如果字体在调整后仍不够大，可以参照步骤③的方法，再次选择【增加字体大小】菜单项，直到满意为止。

1.3.6　创建元数据模板

　　本小节主要介绍如何创建元数据模板。在 Bridge 中有时要输入大量文字，以嵌入版权信息、联系信息、Web 站点等，这就要了解怎样创建元数据模板，使一次输入这些信息后可以自动嵌入它们。

❶ 在 Bridge 中选择需要制定版权和联系信息的图像文件夹，在【内容】面板内选中一张照片，选择【工具】➤【创建元数据模板】菜单项。

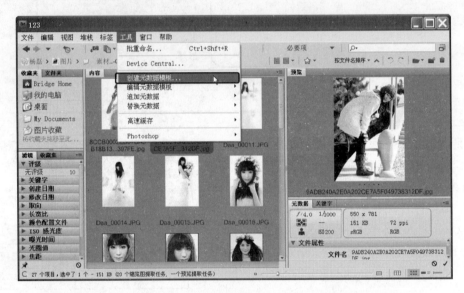

❷ 弹出【创建元数据模板】对话框，选中想要添加信息的字段前的复选框，激活文本框并输入信息，在【模板名称】文本框内输入自定义名称，单击 存储 按钮。

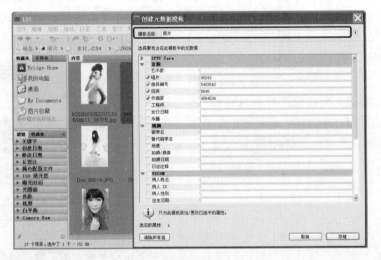

❸ 【元数据模板】创建完成后，在【内容】面板内选择要嵌入信息的照片，选择【工具】➤【追加元数据】菜单项，在弹出的菜单中选择要嵌入的模板。

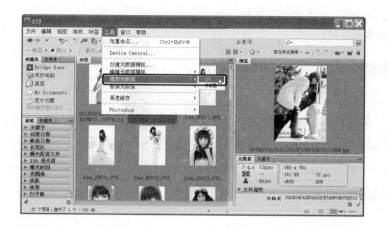

1.3.7　清除照片内的元数据

本小节主要介绍如何清除照片内的元数据。照片内的元数据包含个人信息以及拍摄时间、拍摄设备、镜头、设置等，不需要这些信息时，可以将其快速清除。

① 选择【窗口】▷【工作区】▷【元数据】菜单项，或者按【Ctrl】+【F3】组合键，显示出每张照片和其主要元数据。

② 在 Photoshop 中打开一张照片，选择【文件】▷【新建】菜单项。

③ 弹出【新建】对话框，在【预设】下拉列表中选择该照片的名称选项。

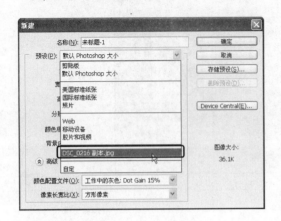

④ 单击 [确定] 按钮，创建与该照片具有相同参数的新文档。

⑤ 选择原来打开的照片文档，按【V】键选择【移动工具】，按住【Shift】键把照片拖放到新文档上。

⑥ 按【Ctrl】+【E】组合键合并【图层1】与【背景】图层，因为放置照片的文档没有任何元数据，所以照片以图层方式放置在该层上时不会携带任何元数据。

⑦ 选择【文件】➢【文件简介】菜单项，或者按【Ctrl】+【Shift】+【Alt】+【I】组合键，打开该照片的文件简介。

⑧ 弹出文件简介对话框，切换到【IPTC】选项卡，所有的版权和联系信息已被清除。

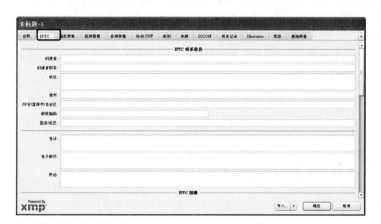

如果要添加【IPTC】信息，单击对话框下方的 导入 按钮，弹出【导入选项】对话框，选中【清除现有属性，替换为模板属性】单选钮，然后单击 确定 按钮。

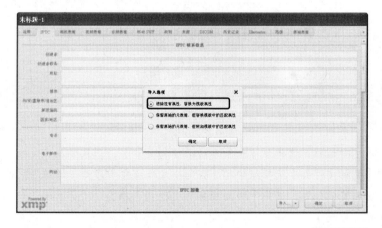

弹出【导入（替换）】对话框，选择要替换的【元数据模板】，单击 打开(O) 按钮。

设置完毕后单击 确定 按钮即可。

1.3.8 批重命名文件

本小节主要介绍如何批重命名文件。从存储卡上导入照片时没有重命名照片，或者照片已经存储到电脑上，可以用 Bridge 快速地重命名整个文件夹内的全部照片。

① 按【Ctrl】+【A】组合键，选择【内容】面板内的所有照片，选择【工具】▷【批重命名】菜单项，或者按【Ctrl】+【Shift】+【R】组合键。

② 弹出【批重命名】对话框，选择照片重命名后存储的文件夹，如果要在照片所在的文件夹内重命名照片，选中【目标文件夹】选项组中的【在同一文件夹中重命名】单选钮。如果要将重命名后的照片移到另外指定的位置，选中【移动到其他文件夹】单选钮。如果要移动或者复制照片，选中【复制到其他文件夹】单选钮，单击 浏览… 按钮选择存放重命名照片的目标文件夹。

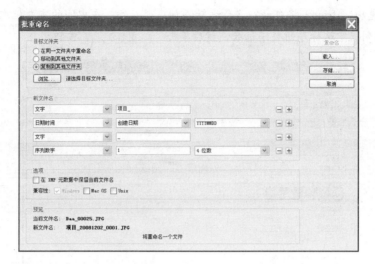

③ 在弹出的【浏览文件夹】对话框内选择目标文件夹。

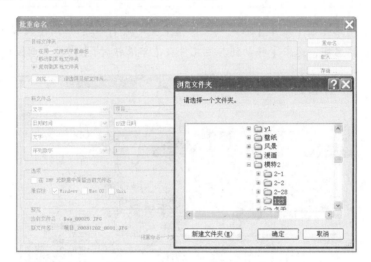

④ 在【新文件名】选项组的下拉列表中选择【文字】选项，并在其后的文本框中输入新文件名。

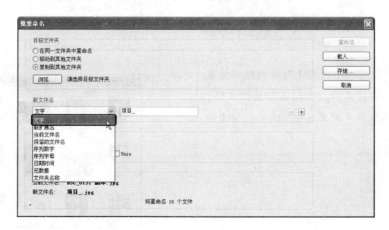

⑤ 要添加另外的自定义名称，单击【新文件名】选项组中的➕按钮，在新弹出的下拉列表中选择

【序列数字】选项，Bridge 将自动在名称之后添加序列数字。在中间的文本框内输入起始数字，在右侧的下拉列表中选择序列数字位数，然后单击 重命名 按钮。

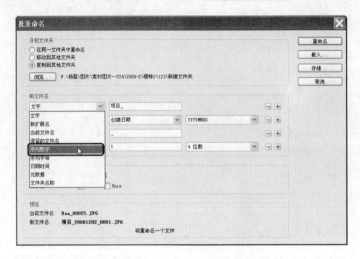

6 在【目标文件夹】选项组中选中【在同一文件夹中重命名】单选钮时，【内容】面板内的照片名称便更新为新建的名字，选中【移动到其他文件夹】单选钮时，【内容】面板内将是空的。

7 批重命名不只是修改【内容】面板内照片缩览图的名称，还把该名称应用到实际图像文件，打开硬盘上存储照片的文件夹，照片已被重命名。

1.3.9　旋转照片

本小节主要介绍如何在 Bridge 内旋转照片。旋转照片的缩览图时，首先选中该照片，单击 Bridge 右上角的旋转图标，左侧的 ⟲ 图标表示按逆时针方向旋转，右侧的 ⟳ 图标表示按顺时针方向旋转，或者分别按【Ctrl】+【[】或【Ctrl】+【]】组合键进行逆时针或顺时针方向旋转。

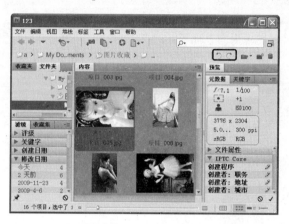

旋转缩览图时，只是旋转照片在【内容】面板内的方向，打开硬盘上的文件夹，实际照片并没有旋转。

要旋转实际照片，首先参照上一步的方法旋转缩览图，然后在 Bridge 中双击照片，在 Photoshop 中打开的图像会应用旋转。

选择【文件】➢【存储】菜单项，保存旋转效果。

1.3.10　排序和组织照片

本小节主要介绍如何排序和组织照片。在 Bridge 中实现照片排序的方法有很多种，有些方法适合管理少数照片，有些方法适合管理数百或者数千张照片。

只有数张照片时，可以在【内容】面板中进行拖放排序操作。

要对大量照片进行排序时，可以对这些照片进行评级，选中要评级的照片，缩览图下方会显示出 5 个小点。

单击第一个点并向右拖动，最多可以增加到 5 颗星。

要对多张照片同时进行评级，按住【Ctrl】键的同时选择多张照片，对其中的一张进行评级后，其他被选中的照片就会一起被评级。

对照片进行评级后，选择【视图】➤【排序】➤【按评级】菜单项。

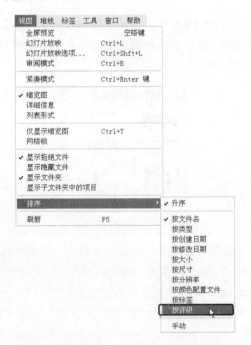

将滚动条滚动到【内容】面板顶部，看不到评级照片时，选择【视图】➤【排序】➤【升序】菜单项，关闭【升序】选项。

打开【滤镜】面板，选择【评级】菜单项，看到星级列表，右边的数字显示的是当前文件夹内各星级的照片的数量。

如果只想看到三星级的照片，单击三星级别的左侧，选中该级别，【内容】面板就会自动过滤出三星级的照片。

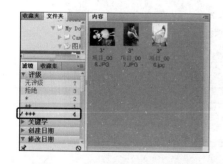

在三星级照片中，有一些照片比较好，另一些次之，可以给较好的照片添加颜色标签。选择一张照片，单击鼠标右键，在弹出的快捷菜单中选择【标签】➢【选择】菜单项。

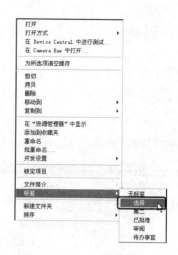

添加完标签后，在【滤镜】面板内显示出红色三星级照片的数量。

如果要删除评级，需要选中指定的照片，按【Ctrl】+【0】组合键。如果要消除标签颜色，需要选中指定的照片，单击鼠标右键，在弹出的快捷菜单中选择【标签】➢【无标签】菜单项。

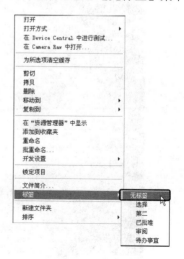

1.3.11　创建全屏幻灯片放映模式

　　本小节主要介绍如何创建全屏幻灯片放映模式。该模式除了可以展示作品之外，以全屏尺寸查看照片对于挑选照片也很有帮助。在幻灯片放映期间，可以删除不好的照片、应用分级、旋转照片等。

　　播放部分照片的幻灯片时，在【内容】面板中选中这些照片。

　　按【Ctrl】+【L】组合键，开始幻灯片放映。

　　按【L】键将暂停幻灯片的放映，弹出【幻灯片放映选项】对话框，从中设置幻灯片在屏幕上的显示方式。

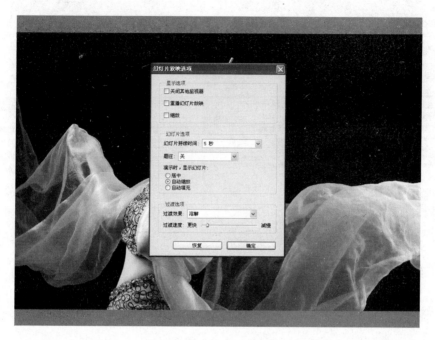

　　该对话框的顶部是【显示选项】选项组，【关闭其他监视器】复选框只适合用于使用两个不同显示器工作的人，选中该复选框将停止第二个显示器上的幻灯片放映。选中【缩放】复选框可以让照片缓慢而平滑地移向屏幕。

　　在【幻灯片选项】选项组中可以设置每张幻灯片在屏幕上的放映时间和照片元数据内添加的指定标题是否会显示在屏幕上。【演示时，显示幻灯片】选项决定照片在屏幕上的显示尺寸，Bridge 默认选中【自动缩放】单选钮，根据照片的尺寸在图像两侧留下灰色条。选中【自动填充】单选钮可以使照片充满整个屏幕。选中【居中】单选钮，显示的照片位于灰色背景中央。

该对话框的底部是【过渡选项】选项组，在【过渡效果】下拉列表中选择其他的过渡效果。

　　放映幻灯片时，按【R】键暂停幻灯片放映，并在 Bridge 内置的 Camera Raw 中打开该照片进行编辑。

单击 [　完成　] 按钮，返回幻灯片放映，所作的修改会立即被应用，并继续放映幻灯片。

放映幻灯片时，按【H】键弹出【Adobe Bridge 幻灯片放映命令】界面，其中介绍了详细的快捷键，再次按【H】键可以隐藏该界面。

1.3.12 用堆栈组织照片

本小节主要介绍如何使用堆栈组织照片，把类似的照片堆叠到一起，方便使用照片，避免出现混乱。

① 在【内容】面板中选择一张可以代表堆栈的照片，按住【Ctrl】键选择其他要放入该堆栈中的照片。

② 选择【堆栈】▶【归组为堆栈】菜单项，或者按【Ctrl】+【G】组合键。

③ 执行完上述操作后，查看【内容】面板，堆栈的左上角出现一个数字，这个数字是堆栈中照片的数量。

④ 单击该数字展开堆栈，按【Ctrl】+【Shift】+【G】组合键取消堆栈，使照片返回到单张照片的显示方式。

⑤ 向堆栈中添加照片。首先选中该堆栈，按【Ctrl】键并单击指定的照片，然后按【Ctrl】+【G】组合键，照片就添加到堆栈中了。

⑥ 创建堆栈后，选择另外指定的照片作为顶部照片。展开堆栈，选中指定的照片并单击鼠标右键，在弹出的快捷菜单中选择【堆栈】▶【上移至堆栈顶层】菜单项。

练兵场 将自拍的照片载入Bridge并组织排序

按照 1.3 节介绍的方法，将自拍的照片载入 Bridge 并组织排序，操作过程可参见配套光盘\练兵场\将自拍的照片载入 Bridge 并组织排序。

1.4 使用Camera Raw处理图像

本节主要介绍如何使用 Camera Raw 处理图像。Raw 格式的照片可以在拍摄后用 Photoshop 进行一些校正，可以调整曝光、白平衡以及其他设置。

1.4.1 Camera Raw 的打开方法

Adobe Camera Raw 可以处理以相机 Raw 格式拍摄的照片。

在 Bridge 中打开 Raw 格式的照片，双击该照片，该照片会在 Photoshop 中的 Camera Raw 界面中打开。

一次打开多张 Raw 格式的照片时，在 Bridge 的【内容】面板内选中这些照片，双击其中的任意一张，就可以在 Camera Raw 中打开。

这些照片以缩览图的形式显示在 Camera Raw 对话框的左侧，选中顶部的照片，所作的修改便应用到该照片上，要把修改应用到所有的照片上，单击 全选 按钮，然后进行修改。

Bridge 中内置有 Camera Raw，要在 Bridge 的 Camera Raw 中打开一张或者多张 Raw 格式的照片，按【Ctrl】+【K】组合键，弹出【首选项】对话框。在左侧列表框中选择【常规】选项，在【行为】选项组中选中【双击可在 Bridge 中编辑 Camera Raw 设置】复选框。打开【内容】面板，选中指定的照片，按【Ctrl】+【R】组合键，这些照片便在 Bridge 的 Camera Raw 中打开了。

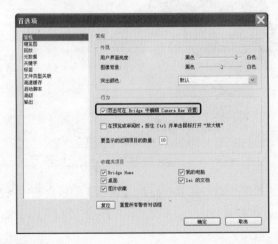

1.4.2　调整白平衡

本小节主要介绍如何使用 Camera Raw 调整白平衡。在室内拍摄照片时，照片可能具有黄色色调，在阴影中拍摄照片时，可能具有蓝色色调，这些是白平衡问题，在 Camera Raw 中可以很容易地矫正这一点。

▲　素材文件与最终效果对比

本实例素材文件和最终效果所在位置如下。	
素材文件	第1章\1.4.2\素材文件\1.jpg
最终效果	第1章\1.4.2\最终效果\1.jpg

① 在 Camera Raw 中打开本实例对应的素材文件 1.jpg。

② 单击 标签，打开【基本】选项卡，该选项卡用于调整【白平衡】、【色温】、【色调】等选项。Camera Raw 默认显示照片使用的白平衡设置，被称做【原照设置】白平衡。

③ 改变照片的白平衡，在【白平衡】下拉列表中选择【荧光灯】选项，这将消除大多数的黄色色偏。

4 使用【色温】和【色调】滑块设置白平衡，滑块自身提示往哪个方向拖动，使得获取指定颜色时变得更简单。

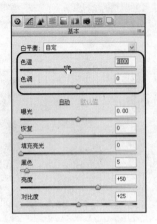

5 选择【白平衡工具】 设置白平衡，单击照片上浅灰色的区域。要把白平衡设置回【原照设置】，双击工具栏内的【白平衡工具】 即可。

6 得到的图像效果如下图所示。

1.4.3 调整曝光

本小节主要介绍如何使用 Camera Raw 调整曝光。

▲ 素材文件与最终效果对比

本实例素材文件和最终效果所在位置如下。	
素材文件	第1章\1.4.3\素材文件\2.jpg
最终效果	第1章\1.4.3\最终效果\2.jpg

1 在 Camera Raw 中打开本实例对应的素材文件 2.jpg，拖动【曝光】滑块，但不要让高光曝光过度，高光曝光过度时被称做"修剪高光"。Camera Raw 右上方的【高光修剪警告】按钮 能警告该照片的某些部分已经修剪，该按钮的颜色随着所修剪的颜色不同而不同。

2 在移动【曝光】滑块时，曝光警告显示高光修剪的位置，按住【Alt】键单击【曝光】滑块向左拖动，【预览】面板会变成黑色，被修剪的区域会变成它的颜色，即如果蓝色通道被修剪，会看到蓝色；如果显示为纯白色，说明所有颜色都被修剪掉。

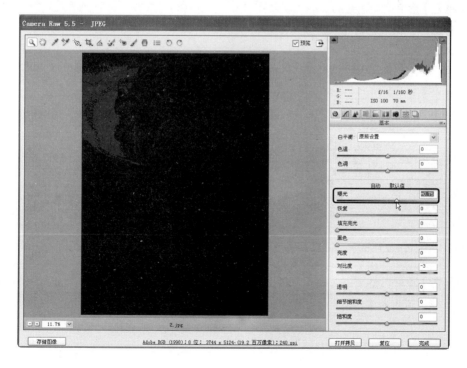

③ 显示修剪警告的另一种方法是单击【高光修剪警告】按钮 ，所被修剪的高光显示为红色，再次单击该按钮关闭修剪警告。

④ 拖动【曝光】滑块直到满意为止，当某些小的区域被修剪时，向右拖动【恢复】滑块。

影区域。

⑤ 拖动【黑色】滑块调整阴影区域，向右拖动增加照片阴影区域内的黑色量，向左拖动加亮阴

⑥ 设置完成后得到的图像效果如下图所示。

⑦ 调整完【曝光】滑块和【黑色】滑块后，使用【亮度】滑块调整其他的部分，该滑块与 Photoshop 中【色阶】对话框内的【中间调】滑块类似。

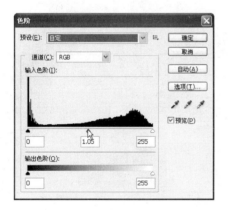

⑧ 向右拖动【亮度】滑块，显示某些中间调细节。

⑨ 单击【自动】超链接，Camera Raw 将自动调整照片的曝光，这种方法很有效，但有时会使照片曝光过度。

⑩ 设置完以上参数后得到的图像效果如下图所示。

⑪ 如果自动曝光效果不好，单击【默认值】超链接，即恢复到第一次在 Camera Raw 中打开该照片时的效果，使用【曝光】、【恢复】、【黑色】和【亮度】滑块对照片进行处理。

⑫ 设置完以上参数后得到的图像效果如下图所示。

小提示 处理照片一般有4个步骤：
设置白平衡、设置曝光、用【恢复】滑块补偿
高光修剪和增大【黑色】数值。

1.4.4 用【透明】滑块增强图像吸引力

本小节主要介绍如何使用【透明】滑块增强
图像吸引力。

▲ 素材文件与最终效果对比

本实例素材文件和最终效果所在位置如下。
素材文件 第1章\1.4.4\素材文件\3.jpg
最终效果 第1章\1.4.4\最终效果\3.jpg

① 在 Camera Raw 中打开本实例对应的素材文件
3.jpg，在【选择缩放级别】下拉列表中选择
"66%" 选项。

② 向右拖动【透明】滑块并增强图像的吸引力。

③ 一直向右拖动【透明】滑块，直到图像的边缘
区域出现晕圈为止。

④ 得到的图像效果如下图所示。

1.4.5　设置分辨率、图像大小、颜色空间和位深度

本小节主要介绍如何设置分辨率、图像大小、颜色空间和位深度。

单击 Camera Raw 对话框中预览区域下方的工作流程设置超链接，弹出【工作流程选项】对话框，选择【色彩空间】下拉列表中的【Adobe RGB（1998）】选项。

在【色彩深度】下拉列表中选择相应的选项，通常选择【8 位/通道】选项。

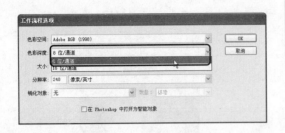

在【分辨率】下拉列表中选择"240 像素/英寸"选项，然后单击 OK 按钮。

【大小】下拉列表中默认显示的是照片原始大小，该下拉列表中的选项是 Camera Raw 根据该照片产生的图像大小，括号内的数字是该数值对应的像素值，数值后面的加号 + 是指放大原始图像，减号 − 是指缩小原始图像。

小提示 照片要印刷时在【分辨率】下拉列表中选择"300 像素/英寸"选项，要在喷墨打印机上打印 8 英寸×10 英寸以上的照片时选择"240 像素/英寸"，要打印 8 英寸×10 英寸以下的照片时选择"300 像素/英寸"选项。

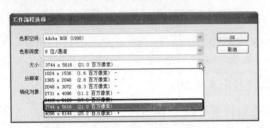

单击 Camera Raw 对话框内的 打开图像 按钮，照片在 Photoshop 中打开，刚才设置的数值会应用到照片上。

1.4.6　Camera Raw 处理自动化

　　Camera Raw 能够把修改应用到一张 Raw 格式的照片后，把同样的修改应用到其他多张照片上，这是一种形式的内置自动化功能。

1.　Camera Raw处理自动化方法一

① 打开 Bridge 界面，在【内容】面板中选中要编辑的照片。

② 按【Ctrl】+【R】组合键将照片在 Camera Raw 中打开，调整照片，然后单击 完成 按钮。

③ 返回 Bridge 界面，按住【Ctrl】键选中其他想以相同方式进行编辑的照片，在任意一张被选中的
照片上单击鼠标右键，在弹出的快捷菜单中选择【开发设置】▷【上一次转换】菜单项。

2. Camera Raw处理自动化方法二

① 打开 Bridge 的【内容】面板，按住【Ctrl】键选择想要编辑的所有照片。

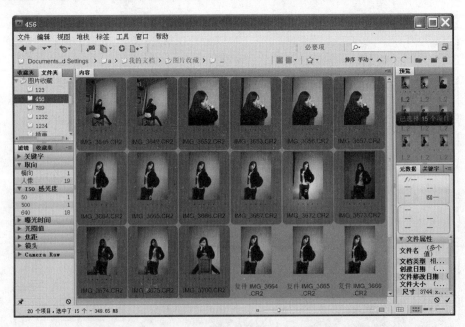

② 按【Ctrl】+【R】组合键，在 Camera Raw 中打开照片，选择其中一张照片进行编辑，然后单击
全选 按钮。

③ 单击 [同步] 按钮，在弹出的【同步】对话框中选中刚才所作的修改项，单击 [OK] 按钮。

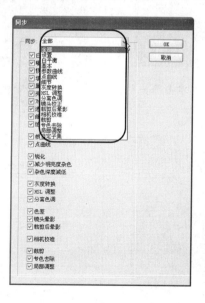

1.4.7　锐化照片

本小节主要介绍如何使用 Camera Raw 对照片进行锐化。

▲ 素材文件与最终效果对比

本实例素材文件和最终效果所在位置如下。	
素材文件	第1章\1.4.7\素材文件\4.CR2
最终效果	第1章\1.4.7\最终效果\4.psd

① 在 Camera Raw 中打开本实例对应的素材文件 4.CR2。

② 选择【裁剪工具】✄，在图像中单击并拖动鼠标框选要裁剪的位置。

③ 单击并拖动控制框上的节点调整裁剪区域，调整合适后按【Enter】键。

④ 下面介绍使用 Camera Raw 对照片进行锐化，锐化之前将视图设置为 "100%"。

⑤ 拖动【数量】滑块到最右侧。

⑥ 向右拖动【细节】和【蒙版】滑块，前者决定锐化影响的边缘区域范围，后者会降低非边缘区域的锐化量。

⑦ 单击 完成 按钮，得到的图像效果如下图所示。

1.4.8 减少杂色

本小节主要介绍如何使用 Camera Raw 减少照片杂色。

▲ 素材文件与最终效果对比

本实例素材文件和最终效果所在位置如下。	
素材文件	第1章\1.4.8\素材文件\5.jpg
最终效果	第1章\1.4.8\最终效果\5.jpg

① 在 Camera Raw 中打开本实例对应的素材文件 5.jpg，按【Z】键选择【缩放工具】，将图像放大到"200%"。

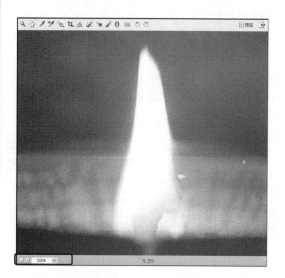

② 单击【细节】标签 ◪，显示【减少杂色】选项组，向右拖动【颜色】和【明亮度】滑块。

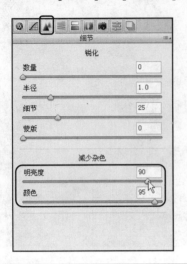

③ 单击 ▢完成▢ 按钮，得到的图像效果如下图所示。

1.4.9 校正边缘晕影

本小节主要介绍如何使用 Camera Raw 校正图像边缘晕影。

▲ 素材文件与最终效果对比

本实例素材文件和最终效果所在位置如下。	
素材文件	第1章\1.4.9\素材文件\6.CR2
最终效果	第1章\1.4.9\最终效果\6.psd

① 在 Camera Raw 中打开本实例对应的素材文件 6.CR2。

② 单击【镜头校正】标签 ▥，向右拖动【数量】滑块，直到照片边缘晕影消失为止。

③ 单击 ［完成］ 按钮，得到的图像效果如下图所示。

1.4.10　曲线调整对比度

本小节主要介绍如何使用 Camera Raw 的曲线调整对比度。

▲　素材文件与最终效果对比

本实例素材文件和最终效果所在位置如下。	
素材文件	第1章\1.4.10\素材文件\7.jpg
最终效果	第1章\1.4.10\最终效果\7.jpg

① 在 Camera Raw 中打开本实例对应的素材文件 7.jpg。

② 单击【色调曲线】标签 ，显示出【色调曲线】选项组，切换到【点】选项卡，在【曲线】下拉列表中选择【强对比度】选项。

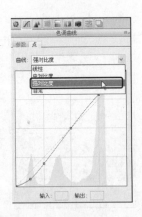

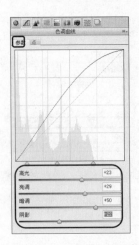

③ 得到的图像效果如下图所示。

⑤ 单击 完成 按钮，得到的图像效果如下图
　所示。

④ 切换到【参数】选项卡，调整【高光】、【亮调】、
　【暗调】和【阴影】滑块。

1.4.11　分离色调效果

本小节主要介绍如何使用 Camera Raw 为照片设置分离色调的效果。

▲　素材文件与最终效果对比

本实例素材文件和最终效果所在位置如下。

素材文件	第1章\1.4.11\素材文件\8.CR2
最终效果	第1章\1.4.11\最终效果\8.psd

① 在 Camera Raw 中打开本实例对应的素材文件
8.CR2。

② 单击【HSL/灰度】标签 ，显示【HSL/灰度】
选项组，选中【转换为灰度】复选框。

③ 得到的图像效果如下图所示。

④ 单击【分离色调】标签 ，向右拖动【饱和
度】、【色相】和【平衡】滑块，【平衡】滑块
控制分离色调偏向高光还是阴影的颜色。

⑤ 单击　完成　按钮，得到的图像效果如下图所示。

1.4.12　校正色差（去除彩色边缘）

本小节主要介绍如何使用 Camera Raw 为照片校正色差，去除照片的彩色镶边。

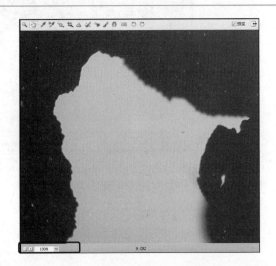

▲　素材文件与最终效果对比

本实例素材文件和最终效果所在位置如下。

素材文件	第1章\1.4.12\素材文件\9.CR2
最终效果	第1章\1.4.12\最终效果\9.psd

① 在 Camera Raw 中打开本实例对应的素材文件 9.CR2，按【Z】键选择【缩放工具】🔍，将图像放大到"100%"。

② 单击【镜头校正】标签，拖动【修复红/青边】和【修复蓝/黄边】滑块，直到彩色镶边消失为止。

③ 单击 [完成] 按钮，得到的图像效果如下图
所示。

1.4.13　制作黑白照片

本小节主要介绍如何使用 Camera Raw 把彩
色照片转换为黑白图像。

▲ 素材文件与最终效果对比

本实例素材文件和最终效果所在位置如下。	
素材文件	第1章\1.4.13\素材文件\10.CR2
最终效果	第1章\1.4.13\最终效果\10.psd

① 在 Camera Raw 中打开本实例对应的素材文件
10.CR2。

② 单击【HSL/灰度】标签，选中【转换为灰
度】复选框。

③ 在【灰度混合】选项组中单击【自动】超链接，得到的图像效果如下图所示。

④ 按【Ctrl】+【K】组合键，弹出【Camera Raw 首选项】对话框，取消选中【转换为灰度时应用自动灰度混合】复选框，单击 OK 按钮。

⑤ 调整【灰度混合】选项组内的各个滑块。

⑥ 单击【色调曲线】标签，在【曲线】下拉列表中选择【强对比度】选项。

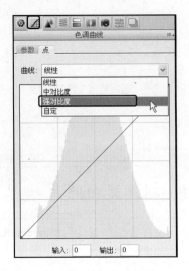

⑦ 单击 完成 按钮，得到的图像效果如下图所示。

小提示 在后面的第 2 章中将介绍制作黑白照片的高级技巧，涉及到如何利用调整图层和蒙版来制作黑白与彩色混合的照片效果。

1.4.14　消除红眼

本小节主要介绍如何使用 Camera Raw 中内置的红眼去除工具为人物照片消除红眼。

▲　素材文件与最终效果对比

本实例素材文件和最终效果所在位置如下。	
素材文件	第1章\1.4.14\素材文件\11.jpg
最终效果	第1章\1.4.14\最终效果\11.jpg

① 在 Camera Raw 中打开本实例对应的素材文件 11.jpg。

② 将视图放大到 "66%"，单击【红眼去除】按钮，显示【红眼去除】选项组，将【瞳孔大小】设置为 "100"。

③ 在一只眼睛上单击并拖动鼠标,创建红眼所在位置的选区。

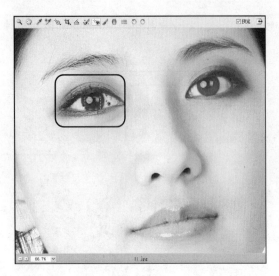

⑤ 单击 按钮,得到的图像效果如下图所示。

④ 参照步骤②～③中的方法去除另一只红眼,校正后瞳孔看起来过灰,向右拖动【变暗】滑块。

练兵场 使用【红眼工具】消除红眼

　　使用 Photoshop 中的【红眼工具】消除红眼,操作过程可参见配套光盘\练兵场\使用【红眼工具】消除红眼。

▲ 素材文件与最终效果对比

第2章 数码照片常见问题处理技巧

本章主要介绍如何利用 Photoshop CS4 对照片的基本属性进行修改，例如，裁剪照片以及对照片色调进行调整等。考虑到实际应用的问题，本章也介绍了一些常见问题的处理方法。

关于本章知识，本书配套教学光盘中有相关的多媒体教学视频，请读者参看光盘【数码照片常见问题处理技巧】。

光盘链接

2.1 裁剪6英寸照片

本节将介绍如何将拍摄的照片裁剪成 6 英寸的大小，用于打印照片。

▲ 素材文件与最终效果对比

本实例素材文件和最终效果所在位置如下。	
素材文件	第2章\2.1\素材文件\1.jpg
最终效果	第2章\2.1\最终效果\1.jpg

将照片裁剪成 6 英寸大小的操作步骤如下：

① 打开本实例对应的素材文件 1.jpg，按【Ctrl】+【R】组合键显示标尺，如下图所示。

② 在标尺上单击鼠标右键，在弹出的快捷菜单中选择【英寸】菜单项。

③ 选择【裁剪工具】 ⊄，在工具选项栏中各参数的设置如下图所示。

④ 在画布上单击鼠标左键，并按住鼠标左键不放向外拖曳鼠标，显示裁剪定界框。

⑤ 调整定界框的大小和位置，得到满意的效果后按【Enter】键确认操作，得到图像的最终效果如下图所示。

▲ 图像最终效果

小提示 如果要裁剪竖幅的 6 英寸照片，只需在【裁剪工具】▵ 的工具选项栏中将长度和宽度的数值颠倒设置即可。

练兵场

1 英寸照片的制作

按照 2.1 节介绍的方法，将一张普通的单人照片裁剪成 1 英寸的大小，并排列到 6 英寸的画布上，操作过程可参见配套光盘\练兵场\一英寸照片的制作。

▲ 素材文件与最终效果对比

2.2 色阶调整照片对比度

本节以一张颜色灰暗的照片为例介绍如何在【色阶】对话框中调整对比度，使原本平淡的照片看上去对比强烈，且更具有层次感和质感。

▲ 素材文件与最终效果对比

本实例素材文件和最终效果所在位置如下。	
素材文件	第2章\2.2\素材文件\1.jpg
最终效果	第2章\2.2\最终效果\1.jpg

使用【色阶】命令调整照片对比度的操作步

骤如下：

① 打开本实例对应的素材文件 1.jpg，然后按【Ctrl】+【L】组合键，弹出【色阶】对话框，在对话框中设置各参数，然后单击【确定】按钮。

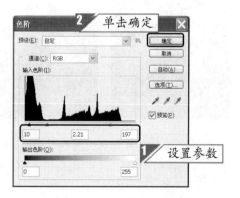

② 得到的图像效果如下图所示。

▲ 图像最终效果

小提示 在 Photoshop CS4 中【亮度/对比度】虽然也可以用来调整图像的明暗度，但是效果与【色阶】相比还是有很大差距的。

亮度是指颜色的明暗亮度。对比度是指一幅图像中明暗区域最亮的白和最暗的黑之间不同亮度层级的测量，差异范围越大表示对比越大，差异范围越小表示对比越小。但对比度陷入和亮度相同的困境，现今尚无一套有效、公正的标准来衡量对比度，所以最好的辨识方式还是依靠眼睛。

色阶是表示图像亮度强弱的指数标准，也就是我们说的色彩指数。图像的色彩丰满度和精细度是由色阶决定的。色阶是指亮度，和颜色无关，但最亮的只有白色，最暗的只有黑色。它可以调节图像的暗部、中间调、亮部的分布，这对于景色的调节，都是一个很重要的功能。

2.3 制作黑白照片高级技巧

当今摄影爱好者不断在黑白和彩色之间寻求视觉冲击力，人们倾心于黑白影像的魅力，又崇尚色彩的冲击力，本节介绍的就是如何制作具有视觉冲击力的黑白与彩色对比的照片。

▲ 素材文件与最终效果对比

本实例素材文件和最终效果所在位置如下。	
素材文件	第2章\2.3\素材文件\1.jpg
最终效果	第2章\2.3\最终效果\1.psd

制作黑白照片的操作步骤如下：

① 打开本实例对应的素材文件 1.jpg，按【Ctrl】+【J】组合键复制【背景】图层，得到【图层1】图层。

② 单击【图层1】图层左侧的👁图标隐藏【图层1】图层，并选择【背景】图层。

③ 将前景色设置为黑色,单击【图层】面板中的【创建新的填充或调整图层】按钮 ,在下拉列表中选择【通道混合器】选项,如下图所示。

④ 打开【调整】面板,其中各参数的设置如下图所示。

⑤ 得到的图像效果如下图所示。

⑥ 单击【图层】面板中的【创建新的填充或调整图层】按钮 ,在下拉列表中选择【渐变】选项,如下图所示。

⑦ 在弹出的【渐变填充】对话框中设置各个参数,如下图所示,然后单击 确定 按钮。

⑧ 在【填充】文本框中输入"60%",得到的图像效果如下图所示。

⑨ 单击【图层】面板中的【创建新的填充或调整图层】按钮 ，在下拉列表中选择【色彩平衡】选项。

⑩ 在打开的【调整】面板中设置各参数，如下图所示。

⑪ 得到的图像效果如下图所示。

⑫ 显示并选择【图层1】图层。

⑬ 选择【选择】▶【色彩范围】菜单项。

⑭ 弹出【色彩范围】对话框，在其中选择【吸管工具】 ，单击花瓣颜色进行取样。

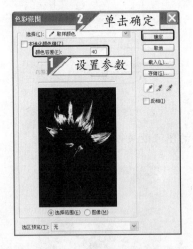

⑮ 选择【添加到取样工具】 ，将花瓣的全部颜色添加到取样，然后调整容差滑块，如下图所示。

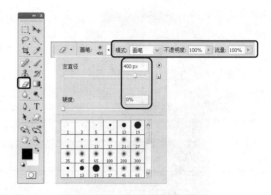

16 设置完毕后单击 **确定** 按钮，得到如下图所示的选区。

17 单击【图层】面板中的【添加图层蒙版】按钮 ，为【图层 1】添加图层蒙版。

18 将前景色设为黑色，背景色设为白色，选择【橡皮擦工具】，在工具选项栏中设置如下图所示的参数。

19 按【[】或【]】键缩小或放大橡皮擦的直径，然后在花瓣部分涂抹使其显示缺失图像，如下图所示。

20 选择【橡皮擦工具】，在工具选项栏中设置如下图所示的参数。

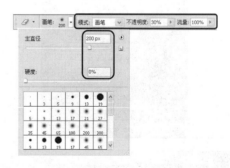

21 按【[】或【]】键缩小或放大橡皮擦的直径，然后在花心部分向下涂抹，使颜色向外过渡自然，得到的图像效果如下图所示。

㉒ 单击【创建新图层】按钮 ，新建图层。

㉓ 选择【矩形选框工具】 ，按住【Shift】键
　绘制如下图所示的选区。

㉔ 将选区填充为黑色，然后按【Ctrl】+【D】组
　合键取消选区，得到的图像效果如下图所示。

㉕ 将前景色设置为白色，选择【直排文字工具】
　 ，选择合适的字体和字号，然后在图像中
　输入"春色"，得到的最终图像效果如下图所
　示。

▲　图像最终效果

2.4　校正逆光

　　在摄影过程中，往往由于光源问题或摄影爱好者追求特殊效果而逆光拍摄照片。某些逆光拍摄的
照片由于曝光不足而导致整张照片灰暗不清晰，本节将介绍如何校正照片的逆光。

▲　素材文件与最终效果对比

本实例素材文件和最终效果所在位置如下。	
素材文件	第2章\2.4\素材文件\1.jpg
最终效果	第2章\2.4\最终效果\1.psd

④ 按【Ctrl】+【J】组合键复制【图层 1】图层，得到【图层 1 副本】图层。

校正照片逆光的具体步骤如下：

① 打开本实例对应的素材文件 1.jpg，按【Ctrl】+【J】组合键复制【背景】图层，得到【图层 1】图层。

⑤ 选择【图像】➤【调整】➤【去色】菜单项，将图像去色。

② 在【设置图层的混合模式】下拉列表中选择【滤色】选项。

③ 得到的图像效果如下图所示。

⑥ 在【设置图层的混合模式】下拉列表中选择【滤色】选项，在【填充】文本框中输入"47%"，得到的图像效果如下图所示。

⑧ 得到的最终图像效果如下图所示。

⑦ 打开【调整】面板，单击【自然饱和度】图标
 ，在【自然饱和度】对应的面板中设置如
下图所示的参数。

2.5 淡化阴影

　　在拍摄室外照片时，常常由于光线照射太强或者暗部补光不充分造成亮部与阴影对比太强烈，从而产生阴影过重的问题，本节将介绍如何淡化阴影来美化照片。

▲ 素材文件与最终效果对比

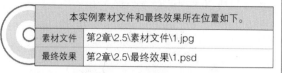

本实例素材文件和最终效果所在位置如下。	
素材文件	第2章\2.5\素材文件\1.jpg
最终效果	第2章\2.5\最终效果\1.psd

淡化阴影的具体步骤如下：

① 打开本实例对应的素材文件 1.jpg，按【Ctrl】
+【J】组合键复制【背景】图层，得到【图层
1】图层。

② 在【设置图层的混合模式】下拉列表中选择【滤
色】选项，在【填充】文本框中输入"47%"。

③ 打开【通道】面板，选择【红】通道，如下图
所示。

④ 按【Ctrl】+【A】组合键全选图像，按【Ctrl】
+【C】组合键复制图像。

⑤ 返回【图层】面板，按【Ctrl】+【V】组合键
粘贴图像。

⑥ 在【设置图层的混合模式】下拉列表中选择【滤
色】选项，在【填充】文本框中输入"49%"。

⑦ 单击【添加图层蒙版】按钮 ，为【图层2】图层添加图层蒙版。

⑧ 选择【画笔工具】 ，在工具选项栏中设置如下图所示的参数。

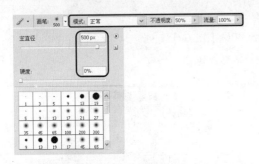

⑨ 将前景色设置为黑色，按【[】或【]】键缩小或放大画笔的直径，然后在人物除皮肤以外的部分涂抹，如下图所示。

⑩ 打开【调整】面板，单击【自然饱和度】图标 ，在【自然饱和度】对应的面板中设置如下图所示的参数。

⑪ 得到的图像效果如下图所示。

⑫ 按【Ctrl】+【Alt】+【Shift】+【E】组合键盖印图层，得到【图层3】图层。

⑬ 使用【套索工具】 将人物的阴影部分选中，如下图所示。

⑭ 按【Shift】+【F6】组合键，弹出【羽化选区】对话框，在对话框中设置各参数，如下图所示，然后单击 确定 按钮。

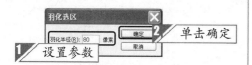

⑮ 得到的图像效果如下图所示。

⑯ 按【Ctrl】+【M】组合键，弹出【曲线】对
话框，在对话框中设置各参数，然后单击
　　确定　　按钮。

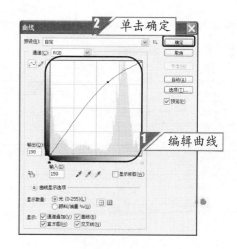

⑰ 按【Ctrl】+【D】组合键取消选择，得到的图
像最终效果如下图所示。

2.6　调整照片的色彩饱和度

　　数码相机拍摄出的原片有时颜色发灰，这就需要在后期调整原片颜色的饱和度，使画面颜色更加
鲜艳。本节将介绍如何调整照片的色彩饱和度。

▲　素材文件与最终效果对比

本实例素材文件和最终效果所在位置如下。	
素材文件	第2章\2.6\素材文件\1.jpg
最终效果	第2章\2.6\最终效果\1.jpg

　　调整照片色彩饱和度的具体步骤如下：

① 打开本实例对应的素材文件1.jpg。选择【图
像】➤【调整】➤【自然饱和度】菜单项。

1 设置参数

3 得到的图像最终效果如下图所示。

2 弹出【自然饱和度】对话框，在该对话框中各
参数的设置如下图所示，然后单击
确定 按钮。

2.7 打造完美夕阳的技巧

　　"最美不过夕阳红"，因此晚霞是摄影爱好者乐于拍摄的题材之一。由于数码相机以及拍摄手法等诸多因素的影响，拍摄出的晚霞有时会显得灰暗，使美丽的霞光暗淡失色。本节将介绍使用 Photoshop CS4 的插件 Camera Raw 打造完美夕阳的技巧。

▲ 素材文件与最终效果对比

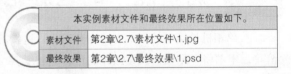

本实例素材文件和最终效果所在位置如下。	
素材文件	第2章\2.7\素材文件\1.jpg
最终效果	第2章\2.7\最终效果\1.psd

　　处理晚霞照片的具体步骤如下：

1 打开 Photoshop CS4 操作界面，然后选择【文件】▶【打开为】菜单项。

② 弹出【打开为】对话框，选择要打开的素材文件，在【打开为】下拉列表中选择【Camera Raw】选项，单击 打开(O) 按钮。

小提示 在第 1 章中已经对 Camera Raw 插件的打开方法及 Camera Raw 的操作界面进行了详细的介绍，在后面的实例中也会涉及 Camera Raw 插件和 Photoshop CS4 一起使用的相关技巧。

③ 使用 Camera Raw 打开图像，如下图所示。

④ 在【基本】选项组中各参数的设置如下图所示。

⑤ 得到的图像效果如下图所示。

⑥ 在【HSL/灰度】选项组中切换到【饱和度】选项卡，在该选项卡中各参数的设置如下图所示，然后单击 打开图像 按钮。

⑦ 得到的图像效果如下图所示。

⑧ 按【Ctrl】+【J】组合键复制【背景】图层，得到【图层1】图层。

⑨ 选择【滤镜】▷【杂色】▷【减少杂色】菜单项。

⑩ 弹出【减少杂色】对话框，在对话框中设置各参数，如下图所示，然后单击 确定 按钮。

⑪ 按【Ctrl】+【F】组合键再次应用该滤镜，得到的图像效果如下图所示。

⑫ 单击【添加图层蒙版】按钮 ，为【图层1】添加图层蒙版。

⑬ 选择【画笔工具】 ✎，在工具选项栏中设置
如下图所示的参数。

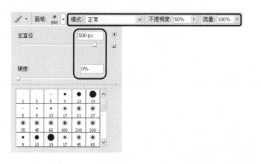

⑮ 得到的图像最终效果如下图所示。

⑭ 将前景色设置为黑色，按【 [】或【] 】键缩小
或放大画笔的直径，然后在蒙版上涂抹，将该
图层中夕阳和海面的图像隐藏，蒙版效果如下
图所示。

2.8 纯净雪景的处理技巧

　　雪洁白而纯净，如同上天赐予的精灵落到凡间，但是使用相机拍摄的美丽的雪景往往由于光线的
问题而使洁白的雪颜色偏暗，本节将介绍如何使用 Photoshop CS4 处理雪景照片。

▲ 素材文件与最终效果对比

本实例素材文件和最终效果所在位置如下。

素材文件	第2章\2.8\素材文件\1.jpg
最终效果	第2章\2.8\最终效果\1.psd

处理雪景照片的具体步骤如下：

1. 使用 Camera Raw 打开本实例的素材图像，在【基本】选项组中各参数的设置如下图所示。

2. 单击 打开图像 按钮，得到的图像效果如下图所示。

3. 在【调整】面板中单击【亮度/对比度】图标，在【亮度/对比度】对应的面板中设置如下图所示的参数。

4. 得到的图像最终效果如下图所示。

小提示 在对雪景照片进行调整时，各参数要按照不同的照片进行相应的调整，曝光值不要调整过大，以免曝光过度而损失了细节的东西。

2.9 校正偏色

偏色问题往往是由于拍摄时的环境光线造成的，在本节中将讲述如何校正偏色，使照片颜色恢复正常效果。

▲　素材文件与最终效果对比

本实例素材文件和最终效果所在位置如下。

素材文件	第2章\2.9\素材文件\1.jpg
最终效果	第2章\2.9\最终效果\1.psd

校正偏色的具体步骤如下：

① 打开本实例对应的素材文件 1.jpg。按【Ctrl】
+【J】组合键复制【背景】图层，得到【图层
1】图层。

② 选择【图像】➤【调整】➤【曲线】菜单项，
或者直接按【Ctrl】+【M】组合键。

③ 弹出【曲线】对话框，首先整体调整图片的亮
度和对比度，对话框中各参数的设置如下图所
示。

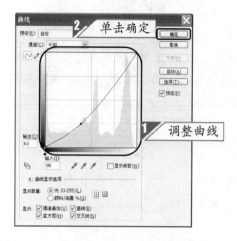

④ 得到的图像效果如下图所示。

⑤ 在【通道】下拉列表中选择【红】通道，然后
在【红】通道中对曲线各参数进行设置，如下
图所示。

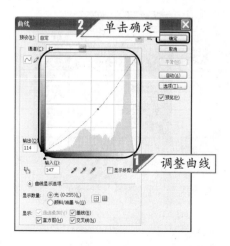

⑥ 得到的图像效果如下图所示。

⑦ 用同样的方法选择【绿】通道，在【绿】通道中对曲线各参数进行设置。

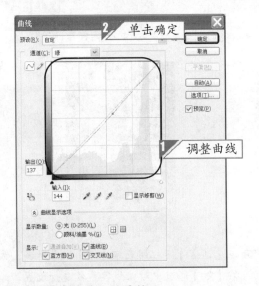

⑧ 得到的图像效果如下图所示。

⑨ 选择【蓝】通道，在【蓝】通道中对曲线各参数进行设置。

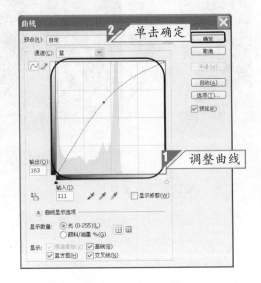

⑩ 设置完毕后单击　确定　按钮，得到的图像最终效果如下图所示。

第3章 数码人像修饰技巧

使用 Photoshop 软件对人像照片进行修饰已是一种流行趋势，使用该软件可以将照片修饰得完美无瑕，因此广泛应用于婚纱摄影以及影视广告等领域。

关于本章知识，本书配套教学光盘中有相关的多媒体教学视频，请读者参看光盘【数码人像修饰技巧】。

光盘链接

3.1 头发染色

本节主要介绍使用路径功能，画笔描边功能等为照片中人物的头发染色。

▲ 素材文件与最终效果对比

本实例素材文件和最终效果所在位置如下。	
素材文件	第3章\3.1\素材文件\1.jpg
最终效果	第3章\3.1\最终效果\1.psd

为头发染色的具体步骤如下：

① 打开本实例对应的素材文件 1.jpg，单击【图层】面板中的【创建新图层】按钮 ，新建图层。

② 选择【钢笔工具】 ，在工具选项栏中设置如下图所示的选项。

③ 在图像中单击鼠标左键，插入路径起始位置的锚点。

④ 在图像的另一位置单击鼠标左键，绘制下一个锚点，按住鼠标左键不放灵活拖动鼠标，绘制曲线路径，然后释放鼠标左键。

⑤ 单击【设置前景色】图标，在弹出的【拾色器（前景色）】对话框中设置如下图所示的参数，然后单击 确定 按钮。

⑥ 选择【画笔工具】 ✐ ，在工具选项栏中设置如下图所示的参数。

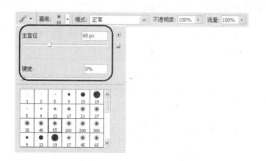

⑦ 按住【Alt】键单击【路径】面板中的【用画笔描边路径】按钮 ○ ，弹出【描边路径】对话框，从中设置如下图所示的选项，然后单击 确定 按钮。

⑧ 单击【路径】面板的空白位置隐藏路径，得到如下图所示的效果。

⑨ 参照上述绘制路径的方法，使用【钢笔工具】 ✎ 在图像中绘制如下图所示的曲线路径。

⑩ 将前景色设置为 "0106eb" 号色，选择【画笔工具】 ✐ ，在工具选项栏中设置如下图所示的参数。

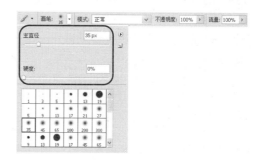

⑪ 参照操作步骤⑦～⑧中的方法将路径描边，得到如下图所示的效果。

⑫ 参照操作步骤③～④的方法，使用【钢笔工具】 ✎ 在图像中绘制如下图所示的曲线路径。

⑬ 将前景色设置为"f60002"号色，选择【画笔工具】 ✐，在工具选项栏中设置如下图所示的参数。

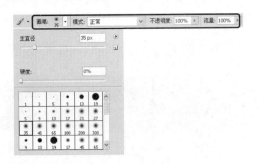

⑭ 参照操作步骤⑦~⑧中的方法将路径描边，得到如下图所示的效果。

⑮ 参照操作步骤③~④的方法，使用【钢笔工具】 ✐ 在图像中绘制如下图所示的曲线路径。

⑯ 将前景色设置为"f60002"号色，选择【画笔工具】 ✐，在工具选项栏中设置如下图所示的参数。

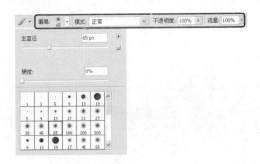

⑰ 参照操作步骤⑦~⑧中的方法将路径描边，得到如下图所示的效果。

⑱ 在【图层】面板中的【设置图层的混合模式】下拉列表中选择【柔光】选项，在【填充】文本框中输入"70%"。

⑲ 最终得到的图像效果如下图所示。

 练兵场 美化眉毛

　　按照 3.1 节介绍的方法，应用【仿制图章工具】 和图层混合模式对照片中人物的眉毛进行美化操作。操作过程可参见配套光盘\练兵场\美化眉毛。

▲ 素材文件与最终效果对比

3.2 美白皮肤

　　本节主要介绍应用色彩范围命令、调整命令等对照片中人物的皮肤进行美白操作。

▲ 素材文件与最终效果对比

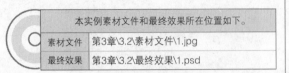

本实例素材文件和最终效果所在位置如下。
素材文件	第3章\3.2\素材文件\1.jpg
最终效果	第3章\3.2\最终效果\1.psd

美白皮肤的具体操作步骤如下：

① 打开本实例对应的素材文件 1.jpg，按【Ctrl】+【J】组合键复制【背景】图层，得到【图层1】图层。

② 选择【图像】▶【调整】▶【去色】菜单项，将照片去色。

③ 选择【选择】▶【色彩范围】菜单项，弹出【色彩范围】对话框，在该对话框中选择【吸管工具】，在照片中人物的皮肤处单击吸取颜色。

④ 单击【添加到取样】按钮，在皮肤的其他位置连续单击鼠标左键，吸取颜色。

⑤ 在【色彩范围】对话框中设置如下图所示的参数，然后单击 确定 按钮。

⑥ 将部分图像载入选区后得到如下图所示的效果。

⑦ 按【Shift】+【F6】组合键，弹出【羽化选区】对话框，在该对话框中设置如下图所示的参数，然后单击 确定 按钮。

⑧ 单击【图层】面板中的【添加图层蒙版】按钮 ，将部分图像隐藏。

⑨ 选择【画笔工具】 ，在工具选项栏中设置如下图所示的参数。

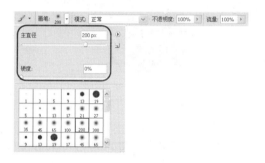

⑩ 将前景色设置为黑色，交替按【 [】和【] 】键调整画笔直径，涂抹皮肤以外的图像部分，得到如下图所示的效果。

⑪ 单击【图层 1】图层的图层缩览图，选择图层中的图像。

⑫ 选择【图像】▷【调整】▷【亮度/对比度】菜单项，在弹出的【亮度/对比度】对话框中设置如下图所示的参数，然后单击 确定 按钮。

⑬ 设置亮度后得到如下图所示的效果。

⑭ 在【图层】面板中的【设置图层的混合模式】下拉列表中选择【柔光】选项。

⑮ 最终得到如下图所示的效果。

3.3 去除瑕疵

本节主要介绍应用色彩范围命令、污点修复画笔工具等对照片中人物的皮肤进行柔化操作。

▲ 素材文件与最终效果对比

本实例素材文件和最终效果所在位置如下。	
素材文件	第3章\3.3\素材文件\1.jpg
最终效果	第3章\3.3\最终效果\1.psd

去除瑕疵的具体操作步骤如下：

① 打开本实例对应的素材文件 1.jpg，按【Ctrl】+【J】组合键复制【背景】图层，得到【图层1】图层。

② 选择【选择】▶【色彩范围】菜单项，弹出【色

彩范围】对话框，在该对话框中选择【吸管工具】 ，在人物的皮肤处单击吸取颜色。

③ 单击【添加到取样】按钮 ，在皮肤的其他位置连续单击鼠标左键，吸取颜色。

④ 在【色彩范围】对话框中设置如下图所示的参数，然后单击 确定 按钮。

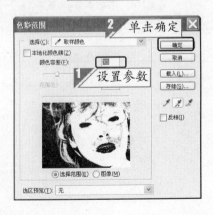

⑤ 将部分图像载入选区后得到如下图所示的效果。

⑥ 单击【添加图层蒙版】按钮 ，将部分图像隐藏。

⑦ 选择【背景】图层，选择【污点修复画笔工具】 ，在工具选项栏中设置如下图所示的参数及选项。

⑧ 在图像中分别在人物嘴角两侧的黑点处单击鼠标左键，消除污点。

⑨ 选择【图层1】图层，选择【滤镜】▶【模糊】▶【高斯模糊】菜单项，在弹出的【高斯模糊】对话框中设置如下图所示的参数，然后单击 确定 按钮。

⑩ 在【图层】面板中的【填充】文本框中输入"60%"。

⑪ 设置参数后得到如下图所示的效果。

⑫ 选择【图层1】图层的图层蒙版缩览图，选择【画笔工具】 ，在工具选项栏中设置如下图所示的参数。

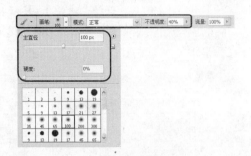

⑬ 将前景色设置为黑色，在图像中涂抹人物的五官和头发部分，最终得到的效果如图所示。

3.4 闪亮红唇

本节主要介绍应用图层蒙版功能、滤镜功能等对照片中人物的唇部进行特效处理。

▲ 素材文件与最终效果对比

本实例素材文件和最终效果所在位置如下。	
素材文件	第3章\3.4\素材文件\1.jpg
最终效果	第3章\3.4\最终效果\1.psd

制作闪亮红唇的具体操作步骤如下：

① 打开本实例对应的素材文件 1.jpg，按【Ctrl】+【J】组合键复制【背景】图层，得到【图层1】图层。

② 选择【钢笔工具】 ，在工具选项栏中设置如下图所示的选项。

③ 在图像中绘制如下图所示的闭合路径。

④ 按【Ctrl】+【Enter】组合键将路径转换为选区。

⑤ 按【Shift】+【F6】组合键,弹出【羽化选区】对话框,在该对话框中设置如下图所示的参数,然后单击　确定　按钮。

⑥ 将前景色设置为黑色,单击【添加图层蒙版】按钮 ,隐藏部分图像。

⑦ 单击【创建新图层】按钮 ,新建图层。

⑧ 将前景色设置为黑色,按【Alt】+【Delete】组合键填充图像。

⑨ 选择【滤镜】>【杂色】>【添加杂色】菜单项,在弹出的【添加杂色】对话框中设置如下图所示的参数,然后单击　确定　按钮。

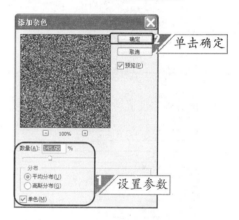

⑩ 在【图层】面板中的【设置图层的混合模式】下拉列表中选择【叠加】选项,在【填充】文本框中输入"40%"。

⑪ 按【Ctrl】+【Alt】+【G】组合键将杂色图层

嵌入到下一图层中。

⑫ 单击【创建新图层】按钮 ，新建图层。

⑬ 将前景色设置为白色，选择【画笔工具】 ，在工具选项栏中设置如下图所示的参数。

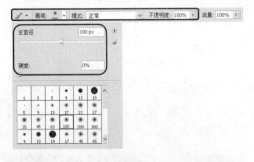

⑭ 在图像中绘制如下图所示的白色高光效果。

⑮ 单击【添加图层蒙版】按钮 ，为该图层添加图层蒙版。

⑯ 选择【滤镜】▶【杂色】▶【添加杂色】菜单项，在弹出的【添加杂色】对话框中设置如下图所示的参数，然后单击 确定 按钮。

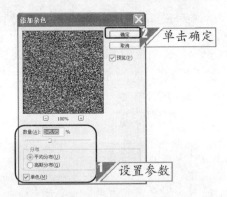

⑰ 在【图层】面板中的【设置图层的混合模式】下拉列表中选择【柔光】选项，在【填充】文本框中输入"78%"。

⑱ 设置参数后得到如下图所示的效果。

⑲ 单击【创建新图层】按钮 ，新建图层。

⑳ 将前景色设置为白色，选择【画笔工具】 ，在工具选项栏中设置如下图所示的参数。

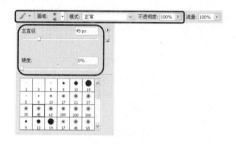

㉑ 在图像中绘制如下图所示的白色亮点。

㉒ 在【图层】面板中的【设置图层的混合模式】下拉列表中选择【柔光】选项，在【填充】文本框中输入"80%"。

㉓ 设置参数后得到如下图所示的效果。

㉔ 按【Ctrl】+【Alt】+【Shift】+【E】组合键盖印图层，得到【图层 5】图层。

㉕ 选择【图像】▶【调整】▶【亮度/对比度】菜单项，在弹出的【亮度/对比度】对话框中设置如下图所示的参数，然后单击 确定 按钮。

㉖ 最终得到如下图所示的效果。

3.5 纹身

本节主要介绍应用图层蒙版功能以及调整功能等为照片中的人物添加纹身效果。

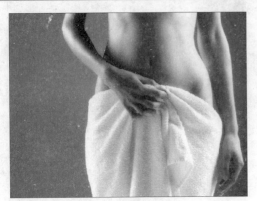

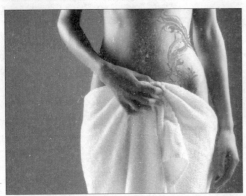

▲ 素材文件与最终效果对比

本实例素材文件和最终效果所在位置如下。

素材文件	第3章\3.5\素材文件\1.jpg、2.tiff
最终效果	第3章\3.5\最终效果\1.psd

制作纹身的具体操作步骤如下：

① 打开本实例对应的素材文件 1.jpg，按【Ctrl】+【J】组合键复制【背景】图层，得到【图层1】图层。

② 选择【钢笔工具】 ，在工具选项栏中设置如下图所示的参数及选项。

③ 使用【钢笔工具】 在图像中绘制如下图所示的闭合路径。

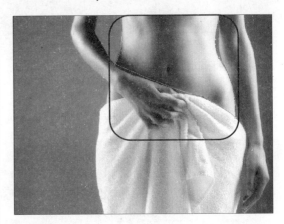

④ 按【Ctrl】+【Enter】组合键将路径转换为选区。

⑤ 单击【图层】面板中的【添加图层蒙版】按钮 ，将选区以外的图像隐藏。

⑥ 打开本实例对应的素材文件 2.tiff。

⑦ 在【图层】面板中选择【图层 1】图层。

⑧ 选择【移动工具】，将【图层 1】图像拖动到素材文件 1.jpg 中。

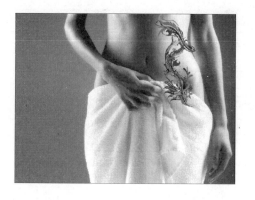

⑨ 选择【图像】➤【调整】➤【色彩平衡】菜单项。

⑩ 在弹出的【色彩平衡】对话框中设置如下图所示的参数，然后单击 确定 按钮。

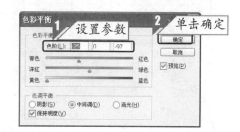

⑪ 按【Ctrl】+【Alt】+【G】组合键，将花纹图层嵌入到下一图层中。

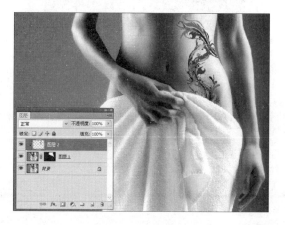

⑫ 在【图层】面板中的【设置图层的混合模式】下拉列表中选择【正片叠底】选项。

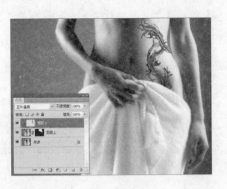

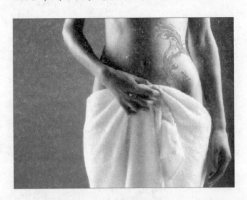

"40%"，最终得到如下图所示的效果。

⑬ 在【图层】面板中的【填充】文本框中输入

3.6 柔化肌肤

本节主要介绍应用图层蒙版功能以及滤镜功能等对照片中人物的皮肤进行柔化处理。

▲ 素材文件与最终效果对比

本实例素材文件和最终效果所在位置如下。	
素材文件	第3章\3.6\素材文件\1.jpg
最终效果	第3章\3.6\最终效果\1.psd

柔化肌肤的具体操作步骤如下：

① 打开本实例对应的素材文件 1.jpg，选择【仿制图章工具】，在工具选项栏中各参数的

设置如下图所示。

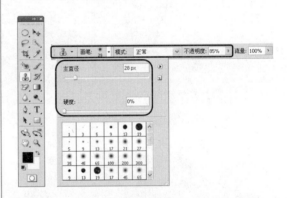

② 将图像放大，选择【仿制图章工具】，分别按【[】或【]】键缩小或放大图章的直径，调整到合适的大小后，按住【Alt】键的同时单击图像中的正常皮肤作为仿制源。

③ 释放【Alt】键，单击色斑处进行仿制源图案的复制，如下图所示。

④ 按【 [】或【] 】键分别缩小或放大图章的直径，用相同的方法将人物面部的瑕疵去除后，图像效果如下图所示。

⑤ 按【Ctrl】+【J】组合键复制【背景】图层，得到【图层 1】图层。

⑥ 选择【选择】>【色彩范围】菜单项，弹出【色彩范围】对话框，选择【吸管工具】，在人物面部皮肤上单击，其他参数的设置如下图所示。

⑦ 单击　确定　按钮，得到的图像效果如下图所示。

⑧ 按【Shift】+【F6】组合键，弹出【羽化选区】对话框，在【羽化半径】文本框中输入"2"，然后单击　确定　按钮。

⑨ 单击【图层】面板中的【添加图层蒙版】按钮，为【图层 1】图层添加图层蒙版。

⑩ 单击【图层 1】图层的图层缩览图，选择【滤镜】>【模糊】>【高斯模糊】菜单项，弹出

【高斯模糊】对话框，在对话框中设置各参数，如下图所示。

⑪ 单击 确定 按钮，得到的图像效果如下图所示。

⑫ 按【Ctrl】+【M】组合键，弹出【曲线】对话框，对话框中各参数的设置如下图所示。

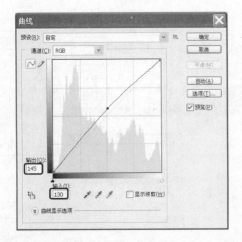

⑬ 单击 确定 按钮，得到的图像效果如下图所示。

⑭ 选择【画笔工具】✎，在工具选项栏中各参数的设置如下图所示。

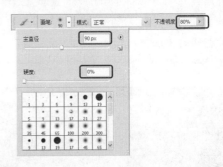

⑮ 选择【图层1】图层的图层蒙版，将前景色设置为黑色，背景色设置为白色，使用【画笔工具】✎将人物中除皮肤以外的多余图像擦除，得到的图像效果如下图所示。

⑯ 打开【图层】面板，在【填充】文本框中输入"46%"。

⑰ 得到的图像最终效果如下图所示。

3.7 瘦脸

本节主要介绍应用滤镜中的液化功能等对照片中的人物进行瘦脸处理。

▲ 素材文件与最终效果对比

本实例素材文件和最终效果所在位置如下。	
素材文件	第3章\3.7\素材文件\1.jpg
最终效果	第3章\3.7\最终效果\1.psd

瘦脸的具体操作步骤如下：

① 打开本实例对应的素材文件 1.jpg，按【Ctrl】
+【J】组合键复制【背景】图层，得到【图层
1】图层。

② 选择【滤镜】>【液化】菜单项，弹出【液化】
对话框，选择【缩放工具】，在图像预览
区域单击鼠标左键将照片放大。

③ 选择【冻结蒙版工具】，在对话框右侧的
【工具选项】选项组中设置如下图所示的参数。

④ 在图像中将需要变形的图像周围的区域涂抹，使其冻结。

⑤ 选择【向前变形工具】，在对话框右侧的【工具选项】选项组中设置如下图所示的参数。

⑥ 在图像中将人物脸部两侧的部分向内推移，使其变得消瘦。

⑦ 设置完成后单击 确定 按钮，最终得到如下图所示的效果。

 小提示 | 在使用【液化】滤镜进行瘦脸的过程中，添加了蒙版（即红色区域）之后可以防止在液化变形过程中对需要变形区域周围的图像造成破坏。

练兵场
苗条身材

按照 3.7 节介绍的方法，应用【液化】滤镜对照片中的人物进行瘦身操作。操作过程可参见配套光盘\练兵场\苗条身材。

▲ 素材文件与最终效果对比

3.8　制作双眼皮

本节主要介绍应用【加深工具】和【减淡工具】来制作双眼皮的效果。

▲　素材图片与最终效果对比

本实例素材文件和最终效果所在位置如下。	
素材文件	第3章\3.8\素材文件\1.jpg
最终效果	第3章\3.8\最终效果\1.psd

制作双眼皮的具体操作步骤如下：

① 打开本实例对应的素材文件 1.jpg，按【Ctrl】+【J】组合键复制【背景】图层，得到【图层1】图层。

② 连续按【Ctrl】+【+】组合键将图像放大到合适的大小。

③ 选择【钢笔工具】，在工具选项栏中设置如下图所示的选项。

④ 在图像中绘制如下图所示的闭合路径。

⑤ 按【Ctrl】+【Enter】组合键将路径转换为选区。

⑥ 选择【加深工具】，在工具选项栏中设置如下图所示的参数。

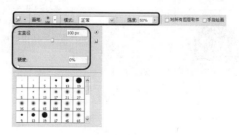

⑦ 沿着选区外部的上边缘涂抹,将部分边缘图像
适当加深。

⑧ 选择【减淡工具】 ,在工具选项栏中设置
如下图所示的参数。

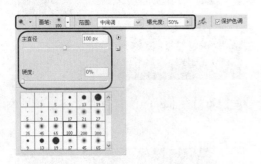

⑨ 按【Ctrl】+【Shift】+【I】组合键反选选区。
沿着上眼睑的选区边缘涂抹,将部分边缘图像
适当减淡。

⑩ 按【Ctrl】+【D】组合键取消选区,在【填充】
文本框中输入"73%"。

⑪ 单击【添加图层蒙版】按钮 ,为该图层添
加图层蒙版。

⑫ 选择【画笔工具】 ,在工具选项栏中设置
如下图所示的参数。

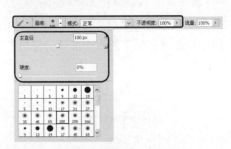

⑬ 适当涂抹人物的眼角处,使其过渡均匀。最终
得到如下图所示的效果。

第4章 风景照片美化技巧

Photoshop 软件的强大功能体现在不仅可以合成特效照片，而且可以轻松地将风景照片进行美化，在原有基础上打造更加完美的陪衬效果。

关于本章知识，本书配套教学光盘中有相关的多媒体教学视频，请读者参看光盘【风景照片美化技巧】。

光盘链接

- 制作镜头光晕效果
- 制作云雾效果
- 制作阳光穿透效果
- 制作闪电效果
- 制作下雨效果

4.1 制作镜头光晕效果

拍摄带有光晕效果的照片需要等待时机，使用 Photoshop 软件可以轻松地为照片添加光晕效果。

▲ 素材文件与最终效果对比

本实例素材文件和最终效果所在位置如下。	
素材文件	第4章\4.1\素材文件\1.jpg
最终效果	第4章\4.1\最终效果\1.jpg

制作镜头光晕效果的具体操作如下：

① 打开本实例对应的素材文件 1.jpg。选择【套索工具】，在工具选项栏中设置如下图所示的参数及选项。

② 在图像的右上角绘制如下图所示的选区。

③ 按【Shift】+【F6】组合键，弹出【羽化选区】对话框，从中设置如下图所示的参数，然后单击 确定 按钮。

④ 按【Ctrl】+【M】组合键，弹出【曲线】对话框，从中设置如下图所示的曲线样式，然后单击 确定 按钮。

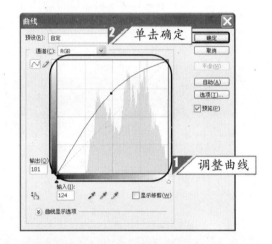

⑤ 按【Ctrl】+【D】组合键取消选区。

⑥ 选择【滤镜】➢【渲染】➢【镜头光晕】菜单项，弹出【镜头光晕】对话框，从中设置光晕的发光点及参数，然后单击 确定 按钮。

⑦ 最终得到如下图所示的效果。

4.2　制作云雾效果

云雾弥漫，霞光暖照，使用 Photoshop 软件中的特殊选区命令可以轻松制作出这种效果。

▲ 素材文件与最终效果对比

本实例素材文件和最终效果所在位置如下。	
素材文件	第4章\4.2\素材文件\1.jpg
最终效果	第4章\4.2\最终效果\1.psd

制作云雾效果的具体操作如下：

① 打开本实例对应的素材文件 1.jpg。选择【选择】▶【色彩范围】菜单项，在弹出的【色彩范围】对话框中单击【添加到取样】按钮 ，

在图像中连续吸取颜色并设置相关参数，单击
确定 按钮。

② 将部分图像载入选区后得到如下图所示的效果。

③ 按【Shift】+【F6】组合键，弹出【羽化选区】对话框，从中设置如下图所示的参数，然后单击 确定 按钮。

Photoshop CS4数码照片处理从入门到精通

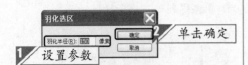

④ 单击【创建新图层】按钮 🖳，新建图层。

⑤ 将前景色设置为白色，按【Alt】+【Delete】组合键填充选区，按【Ctrl】+【D】组合键取消选区。

⑧ 选择【画笔工具】 ✐，在工具选项栏中设置如下图所示的参数。

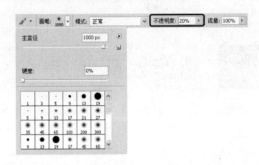

⑥ 在【图层】面板中的【填充】文本框中输入"60%"。

⑨ 将前景色设置为黑色，然后轻轻涂抹部分白色图像，蒙版的显示状态如下图所示。

⑩ 最终得到如下图所示的效果。

⑦ 单击【添加图层蒙版】按钮 🔲，为该图层添加图层蒙版。

4.3　制作阳光穿透效果

　　Photoshop 软件的滤镜功能可以制作出各种特效，例如，云雾效果、下雨效果、闪电效果等，本节主要介绍如何制作漂亮的阳光穿透云层的效果。

▲　素材文件与最终效果对比

本实例素材文件和最终效果所在位置如下。	
素材文件	第4章\4.3\素材文件\1.jpg
最终效果	第4章\4.3\最终效果\1.psd

　　制作阳光穿透效果的具体操作如下：

① 打开本实例对应的素材文件 1.jpg。打开【通道】面板，单击【创建新通道】按钮，新建通道。

② 选择【滤镜】▶【渲染】▶【纤维】菜单项，在弹出的【纤维】对话框中设置如下图所示的参数，然后单击　确定　按钮。

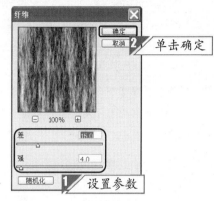

③ 选择【滤镜】▶【模糊】▶【径向模糊】菜单项，在弹出的【径向模糊】对话框中设置如下图所示的参数，然后单击　确定　按钮。

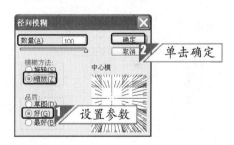

④ 按【Ctrl】+【L】组合键，弹出【色阶】对话框，从中设置如下图所示的参数，然后单击　确定　按钮。

⑤ 选择【滤镜】➤【像素化】➤【铜版雕刻】菜单项，在弹出的【铜版雕刻】对话框中设置如下图所示的选项，然后单击 确定 按钮。

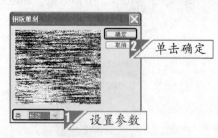

单击确定

设置参数

⑥ 选择【滤镜】➤【模糊】➤【径向模糊】菜单项，在弹出的【径向模糊】对话框中设置如下图所示的参数，然后单击 确定 按钮。

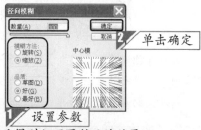

单击确定

设置参数

⑦ 设置完成后得到如下图所示的效果。

⑧ 按住【Ctrl】键单击【Alpha1】通道的缩览图，将部分图像载入选区。

⑨ 将前景色设置为"fdce06"号色，单击【创建新图层】按钮，新建图层。

⑩ 按【Alt】+【Delete】组合键填充选区。

⑪ 单击【添加图层蒙版】按钮，将部分图像隐藏，得到如下图所示的效果。

⑫ 按【Ctrl】+【T】组合键调整阳光的大小及位置，调整合适后按【Enter】键确认操作。

⑬ 选择【画笔工具】 ✎ ，在工具选项栏中设置如下图所示的参数。

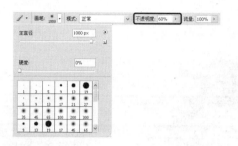

⑭ 将前景色设置为黑色，在图像中涂抹阳光，隐藏部分图像，得到如下图所示的效果。

⑮ 将前景色设置为黑色，单击【创建新的填充或调整图层】按钮 ◑ ，在弹出的菜单中选择【渐变】菜单项。

⑯ 在弹出的【渐变填充】对话框中设置如下图所示的参数，然后单击 确定 按钮。

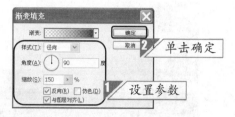

⑰ 在【图层】面板中的【设置图层的混合模式】下拉列表中选择【叠加】选项，在【填充】文本框中输入 "24%"。

⑱ 最终得到如下图所示的效果。

4.4 制作闪电效果

本节主要介绍如何应用 Photoshop 软件中的【分层云彩】滤镜以及调整图像命令等制作逼真的闪电效果。

▲ 素材文件与最终效果对比

本实例素材文件和最终效果所在位置如下。	
素材文件	第4章\4.4\素材文件\1.jpg
最终效果	第4章\4.4\最终效果\1.psd

制作闪电效果的具体操作如下：

① 打开本实例对应的素材文件 1.jpg。单击【创建新图层】按钮 ，新建图层。

② 选择【矩形选框工具】 ，在工具选项栏中设置如下图所示的参数及选项。

③ 在图像中绘制如下图所示的选区。

④ 将前景色设置为黑色，背景色设置为白色，选择【渐变工具】 ，在工具选项栏中设置如下图所示的选项。

⑤ 按住【Shift】键在选区内由上至下填充渐变，得到如下图所示的效果。

⑥ 选择【滤镜】▶【渲染】▶【分层云彩】菜单项，添加分层云彩效果。

⑦ 按【Ctrl】+【D】组合键取消选区，按【Ctrl】+【I】组合键反相图像。

⑧ 按【Ctrl】+【L】组合键弹出【色阶】对话框，从中设置如下图所示的参数，然后单击 确定 按钮。

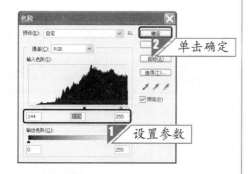

⑨ 在【图层】面板中的【设置图层的混合模式】下拉列表中选择【滤色】选项。

⑩ 按【Ctrl】+【T】组合键调出调整控制框，调整图像的角度及位置，调整合适后按【Enter】键确认操作。

⑪ 单击【创建新的填充或调整图层】按钮，在弹出的菜单中选择【色相/饱和度】菜单项。

⑫ 在【色相/饱和度】对应的面板中设置参数。

⑬ 按【Ctrl】+【Alt】+【G】组合键将调整图层
嵌入到下一图层中。

⑭ 参照上述方法绘制其他闪电，最终得到如下图
所示的效果。

4.5 制作下雨效果

本节主要介绍应用通道以及滤镜等制作漂亮的下雨效果。

▲ 素材文件与最终效果对比

本实例素材文件和最终效果所在位置如下。	
素材文件	第4章\4.5\素材文件\1.jpg
最终效果	第4章\4.5\最终效果\1.psd

　制作下雨效果的具体操作如下：

① 打开本实例对应的素材文件 1.jpg。将前景色设
置为黑色，单击【创建新的填充或调整图层】
按钮，在弹出的菜单中选择【渐变】菜单
项。

② 在弹出的【渐变填充】对话框中设置如下图所
示的参数，然后单击　确定　按钮。

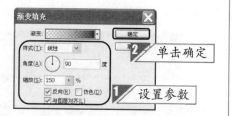

③ 在【图层】面板中的【填充】文本框中输入"90%"。

④ 单击【创建新图层】按钮 ，新建图层。

⑤ 将前景色设置为白色，打开【通道】面板，单击【创建新通道】按钮 ，新建通道。

⑥ 选择【滤镜】➤【像素化】➤【点状化】菜单项，在弹出的【点状化】对话框中设置如下图所示的参数，然后单击 确定 按钮。

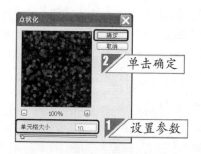

⑦ 选择【图像】➤【调整】➤【阈值】菜单项，在弹出的【阈值】对话框中设置如下图所示的参数，然后单击 确定 按钮。

⑧ 按住【Ctrl】键单击【Alpha1】通道的缩览图，将部分图像载入选区。

⑨ 选择【图层 1】图层，按【Alt】+【Delete】组合键填充选区，按【Ctrl】+【D】组合键取消选区。

⑩ 选择【滤镜】➤【模糊】➤【动感模糊】菜单

项，在弹出的【动感模糊】对话框中设置如下图所示的参数，然后单击 确定 按钮。

⑪ 最终得到如下图所示的效果。

 制作下雪效果

按照 4.5 节介绍的方法，使用滤镜功能制作雪景效果，操作过程可参见配套光盘\练兵场\制作下雪效果。

▲ 素材文件与最终效果对比

4.6 梦里水乡

本节主要介绍应用色彩调整命令以及滤镜功能等制作柔美的梦境效果。

▲ 素材文件与最终效果对比

本实例素材文件和最终效果所在位置如下。	
素材文件	第4章\4.6\素材文件\1.jpg
最终效果	第4章\4.6\最终效果\1.psd

1. 场景设计

1. 打开本实例对应的素材文件 1.jpg，选择【背景】图层，单击【创建新的填充或调整图层】按钮 ，在弹出的菜单中选择【色彩平衡】菜单项。

2. 在【色彩平衡】对应的面板中设置如下图所示的参数。

3. 设置完成后得到如下图所示的效果。

4. 单击【创建新的填充或调整图层】按钮 ，在弹出的菜单中选择【自然饱和度】菜单项。

5. 在【自然饱和度】对应的面板中设置如下图所示的参数。

6. 设置完成后得到如下图所示的效果。

⑦ 按【Ctrl】+【Alt】+【Shift】+【E】组合键盖印图层，得到【图层1】图层。

⑧ 按【Ctrl】+【J】组合键复制图层，得到【图层1副本】图层。

⑨ 隐藏【图层1副本】图层，选中【图层1】图层。

⑩ 选择【图像】▷【调整】▷【去色】菜单项，将图像去色。

⑪ 选中并显示【图层1副本】图层。

⑫ 选择【滤镜】▷【模糊】▷【高斯模糊】菜单项，在弹出的【高斯模糊】对话框中设置如下图所示的参数，然后单击 确定 按钮。

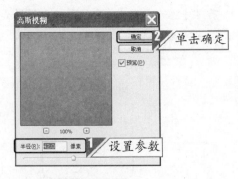

⑬ 添加【高斯模糊】滤镜后得到如下图所示的效果。

⑭ 在【设置图层的混合模式】下拉列表中选择【叠加】选项。

⑮ 设置混合模式后得到如下图所示的效果。

⑯ 单击【创建新图层】按钮 ，新建图层。

⑰ 将前景色设置为黑色，选择【矩形工具】 ，

在工具选项栏中设置如下图所示的选项。

⑱ 绘制之后的图像效果如下图所示。

2.　文字设计

① 将前景色设置为白色，选择【直排文字工具】 ，在工具选项栏中的【设置字体系列】下拉列表中选择合适的字体，在【设置字体大小】下拉列表中选择合适的字号。

② 在图像中输入如下图所示的文字，输入完成后单击工具选项栏中的【提交所有当前编辑】按钮 确认操作。

③ 在【图层】面板中的【设置图层的混合模式】下拉列表中选择【叠加】选项。

④ 设置混合模式后得到如下图所示的效果。

⑤ 参照上述方法调整字号大小，分别在图像中输入如下图所示的文字。

⑥ 选择【水乡】文字图层，按【Ctrl】+【J】组合键复制该图层，得到【水乡副本】图层。

⑦ 在【设置图层的混合模式】下拉列表中选择【正常】选项。

⑧ 选择【矩形选框工具】 ，在工具选项栏中设置如下图所示的参数。

⑨ 在图像中绘制如下图所示的选区。

⑩ 将前景色设置为黑色，单击【添加图层蒙版】按钮 ，隐藏部分图像。

⑪ 最终得到如下图所示的效果。

第5章

数码设计合成

数码合成设计可以完成一些特别效果的制作，包括将完全不相关的两个事物拼合到同一个场景中，以满足设计的需要。

关于本章知识，本书配套教学光盘中有相关的多媒体教学视频，请读者参看光盘【数码设计合成】。

光盘链接

- 抠图技巧
- 制作火焰人
- 天使的翅膀
- 白月光
- 古城
- 添加精美装饰

5.1 抠图技巧

本节主要介绍应用特殊功能对图像进行抠图的技巧，其中包括使用【钢笔工具】 进行抠图，应用【色彩范围】命令进行抠图以及应用【通道】命令进行抠图。

5.1.1 钢笔抠图

▲ 素材文件与最终效果对比

本实例素材文件和最终效果所在位置如下。	
素材文件	第5章\5.1.1\素材文件\1.jpg、2.jpg、3.tiff
最终效果	第5章\5.1.1\最终效果\1.psd

使用钢笔抠图的具体操作如下：

❶ 打开本实例对应的素材文件 1.jpg 和 2.jpg。选择【移动工具】 ，将素材文件 2.jpg 拖动到素材文件 1.jpg 中。

❷ 按【Ctrl】+【T】组合键调出调整控制框，按住【Shift】键调整图像的大小，调整合适后按【Enter】键确认操作。

❸ 选择【钢笔工具】 ，在工具选项栏中设置如下图所示的选项。

❹ 在图像中沿着人物的外轮廓绘制如下图所示的闭合路径。

⑤ 选择【钢笔工具】 ，在工具选项栏中设置如下图所示的选项。

⑥ 在图像中分别绘制如下图所示的闭合路径。

⑦ 按【Ctrl】+【Enter】组合键将闭合路径转换为选区。

⑧ 按【Shift】+【F6】组合键，弹出【羽化选区】对话框，在该对话框中设置如下图所示的参数，然后单击 确定 按钮。

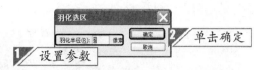

⑨ 将前景色设置为白色，单击【添加图层蒙版】按钮 ，将选区以外的图像隐藏。

⑩ 单击【创建新的填充或调整图层】按钮 ，在弹出的菜单中选择【亮度/对比度】菜单项。

⑪ 在【亮度/对比度】对应的面板中设置如下图所示的参数。

⑫ 按【Ctrl】+【Alt】+【G】组合键将调整图层

嵌入到下一图层中。

子】图层。

⑬ 单击【创建新的填充或调整图层】按钮 ，在弹出的菜单中选择【色彩平衡】菜单项。

⑯ 选择【移动工具】，将素材文件 3.tiff 中的【叶子】图层拖动到素材文件 1.jpg 中。

⑰ 将前景色设置为白色，选择【横排文字工具】，在工具选项栏中的【设置字体系列】下拉列表中选择合适的字体，在【设置字体大小】下拉列表中选择合适的字号。

⑭ 在【色彩平衡】对应的面板中设置如下图所示的参数。

⑱ 在图像中输入如下图所示的文字。

⑮ 打开本实例对应的素材文件 3.tiff，选择【叶

⑲ 选中"彩"字，在工具选项栏中设置如下图所示的字号。

⑳ 单击工具选项栏中的【提交当前所有编辑】按钮 ✔ 确认操作。

㉑ 单击【添加图层样式】按钮 fx.，在弹出的菜单中选择【投影】菜单项。

㉒ 在弹出的【图层样式】对话框中设置如下图所示的参数，然后单击 确定 按钮。

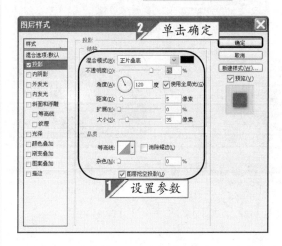

㉓ 添加样式后得到如下图所示的效果。

㉔ 打开本实例对应的素材文件 3.tiff，选择【光点】图层。

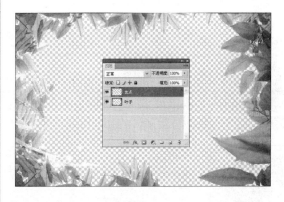

㉕ 选择【移动工具】 ，将素材文件 3.tiff 中的【光点】图层拖动到素材文件 1.jpg 中。

示的效果。

㉖ 移动光点图像至合适位置, 最终得到如右图所

5.1.2　色彩范围命令抠图

▲　素材文件与最终效果对比

本实例素材文件和最终效果所在位置如下。	
素材文件	第5章\5.1.2\素材文件\1.jpg、2.jpg
最终效果	第5章\5.1.2\最终效果\1.psd

使用色彩范围命令抠图的具体操作如下:

① 打开本实例对应的素材文件 1.jpg 和 2.jpg。选择【移动工具】, 将素材文件 2.jpg 拖动到素材文件 1.jpg 中。

② 按【Ctrl】+【T】组合键调出调整控制框, 按住【Shift】键调整照片的大小, 调整合适后按【Enter】键确认操作。

③ 选择【选择】≻【色彩范围】菜单项，弹出【色彩范围】对话框，从中选择【吸管工具】 ✐，在照片中的白色背景上单击吸取颜色，设置如下图所示的参数，然后单击 确定 按钮。

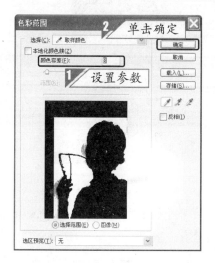

④ 部分图像载入选区后得到如下图所示的效果。

⑤ 按【Ctrl】+【Shift】+【I】组合键将选区反选，得到如下图所示的效果。

⑥ 单击【添加图层蒙版】按钮 ▣，将选区内的图像隐藏。

⑦ 隐藏部分图像后得到如下图所示的效果。

⑧ 将前景色设置为黑色，单击【创建新的填充或调整图层】按钮 ◢，在弹出的菜单中选择【渐变】菜单项。

⑨ 在【渐变填充】对话框中的【渐变】颜色条中选择【前景色到透明】选项，并设置如下图所示的参数及选项，然后单击 确定 按钮。

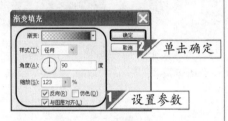

单击确定

设置参数

⑩ 在【图层】面板中的【设置图层的混合模式】下拉列表中选择【亮光】选项，在【填充】文本框中输入"75%"。

⑪ 设置混合模式后得到如下图所示的效果。

⑫ 单击【创建新的填充或调整图层】按钮 ，在弹出的菜单中选择【色彩平衡】菜单项。

⑬ 在【色彩平衡】对应的面板中设置如下图所示的参数。

⑭ 最终得到如下图所示的效果。

5.1.3　通道抠图

〔刹那芳华〕

▲　素材文件与最终效果对比

本实例素材文件和最终效果所在位置如下。	
素材文件	第5章\5.1.3\素材文件\1.jpg、2.jpg
最终效果	第5章\5.1.3\最终效果\1.psd

使用通道抠图的具体操作如下：

① 打开本实例对应的素材文件 2.jpg，按【Ctrl】+【J】组合键复制【背景】图层，得到【图层 1】图层，如下图所示。

② 打开【图层】面板，单击【添加图层蒙版】按钮 ，为【图层 1】图层创建图层蒙版，如下图所示。

③ 打开【通道】面板，选择【红】通道，隐藏其他通道，如下图所示。

④ 按【Ctrl】+【A】组合键，将【红】通道中的图像全选。

⑤ 按【Ctrl】+【C】组合键复制图像，然后选择【图层 1 蒙版】并显示所有通道，如下图所示。

⑥ 按【Ctrl】+【V】组合键粘贴图像，如下图所示。

131

7 返回【图层】面板，隐藏【背景】图层，按【Ctrl】+【D】组合键取消选择，得到的图像效果如下图所示。

8 按【Shift】键的同时单击【图层1】图层的【图层蒙版缩览图】，停用【图层1】图层的图层蒙版，如下图所示。

9 选择【钢笔工具】，在工具选项栏中各参数的设置如下图所示。

10 使用【钢笔工具】将人物的实体轮廓勾出，如下图所示。

11 按【Ctrl】+【Enter】组合键将路径转换为选区，如下图所示。

12 单击【图层1】图层的【图层蒙版缩览图】，恢复使用图层蒙版。

13 启用图层蒙版后得到如下图所示的效果。

⑭ 选择【橡皮擦工具】 🖉，在工具选项栏中的
设置如下图所示。

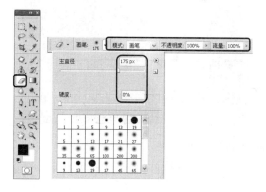

⑮ 选择【图层 1】图层的图层蒙版，交替按【[】
和【]】键调整画笔的直径，使用【橡皮擦工
具】 🖉在人物部分涂抹出人物，得到的图像
效果如下图所示。

⑯ 打开本实例对应的素材文件 1.jpg。

⑰ 按【Ctrl】+【D】组合键取消选区，使用【移
动工具】 ▶₊将素材文件 2.jpg 中的图像拖动到
素材文件 1.jpg 中。按【Ctrl】+【T】组合键
调整图像的大小和位置，按【Enter】键使用变
换效果，图像效果如下图所示。

⑱ 选择【自定形状工具】 🐾，在工具选项栏中
设置如下图所示的选项及参数。

⑲ 将前景色设置为白色，单击【创建新图层】按
钮 🔲，新建图层。

⑳ 在图像中绘制如下图所示的形状。

㉑ 单击【添加图层样式】按钮 fx.，在弹出的菜单中选择【外发光】菜单项。

㉒ 在弹出的【图层样式】对话框中设置如下图所示的参数，然后单击 确定 按钮。

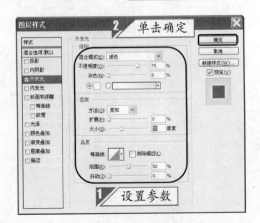

㉓ 设置图层样式后得到如下图所示的效果。

㉔ 按【Ctrl】+【J】组合键复制图层，并按【Ctrl】+【T】组合键调整图像的大小及位置。

㉕ 将前景色设置为白色，选择【直排文字工具】T.，在工具选项栏中的【设置字体系列】下拉列表中选择合适的字体，在【设置字体大小】下拉列表中选择合适的字号。

㉖ 在图像中输入如下图所示的文字，单击【提交所有当前编辑】按钮✔确认操作，最终得到如下图所示的效果。

5.2 制作火焰人

本节主要介绍应用图层的混合模式以及图层蒙版等，将普通照片制作成充满幻觉的奇特火焰人效果。

▲ 素材文件与最终效果对比

本实例素材文件和最终效果所在位置如下。	
素材文件	第5章\5.2\素材文件\1.jpg~3.jpg
最终效果	第5章\5.2\最终效果\1.psd

1. 制作火焰效果

① 打开本实例对应的素材文件 1.jpg 和 2.jpg。选择【移动工具】▶+，将素材文件 2.jpg 中的图像拖动到素材文件 1.jpg 中。

② 单击【添加图层蒙版】按钮 ◻️，为该图层添加图层蒙版。

③ 将前景色设置为黑色，背景色设置为白色，选择【渐变】工具 ▮，在工具选项栏中设置如下图所示的选项。

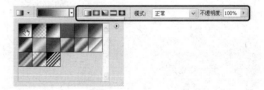

④ 在图像中由右向左拖动鼠标填充渐变，得到如下图所示的效果。

⑤ 选择【画笔工具】 ✐，在工具选项栏中设置
如下图所示的参数。

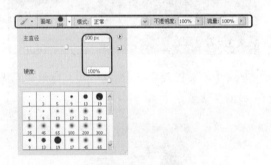

⑥ 交替按【[】键和【]】键调整画笔的直径，然
后涂抹部分图像，得到如下图所示的效果。

⑦ 单击【创建新的填充或调整图层】按钮 ◑，
在弹出的菜单中选择【色彩平衡】菜单项。

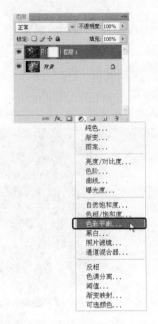

⑧ 在【色彩平衡】对应的面板中设置如下图
所示的参数。

⑨ 按【Ctrl】+【Alt】+【G】组合键将【色彩平
衡1】图层嵌入到下一图层中。

⑩ 单击【创建新的填充或调整图层】按钮 ，在弹出的菜单中选择【亮度/对比度】菜单项。

⑪ 在【亮度/对比度】对应的面板中设置如下图所示的参数。

⑫ 按【Ctrl】+【Alt】+【G】组合键将【亮度/对比度 1】图层嵌入到下一图层中。

⑬ 打开本实例对应的素材文件 3.jpg。

⑭ 选择【移动工具】，将素材文件 3.jpg 中的图像拖动到素材文件 1.jpg 中。

⑮ 按【Ctrl】+【Alt】+【G】组合键取消嵌入，在【设置图层的混合模式】下拉列表中选择【变亮】选项，在【填充】文本框中输入"68%"。

⑯ 按【Ctrl】+【J】组合键复制图层，得到【图层 2 副本】图层。

⑰ 在【设置图层的混合模式】下拉列表中选择【颜色减淡】选项，在【填充】文本框中输入"21%"。

⑱ 单击【添加图层蒙版】按钮 ，为该图层添加图层蒙版。

⑲ 将前景色设置为黑色，选择【渐变】工具 ，在工具选项栏中设置如下图所示的选项。

⑳ 按住【Shift】键在图像中由下向上拖动鼠标填充渐变，得到如下图所示的效果。

㉑ 单击【创建新的填充或调整图层】按钮 ，在弹出的菜单中选择【色彩平衡】菜单项。

㉒ 在【色彩平衡】对应的面板中设置如下图所示的参数。

㉓ 单击【创建新的填充或调整图层】按钮 ，在弹出的菜单中选择【曲线】菜单项。

㉔ 在【曲线】对应的面板中设置如下图所示的曲线样式。

㉕ 调整曲线样式后得到如下图所示的效果。

2.　添加装饰及文字

① 选择【图层 2 副本】图层，单击【创建新图层】按钮 ，新建图层。

② 将前景色设置为白色，选择【矩形工具】 ，在工具选项栏中设置如下图所示的选项。

③ 在图像中绘制如下图所示的线条。

④ 单击【添加图层样式】按钮 fx，在弹出的菜单中选择【外发光】菜单项。

⑤ 在弹出的【图层样式】对话框中设置如下图所示的参数。

⑥ 选择【内发光】选项,设置如下图所示的参数,然后单击 确定 按钮。

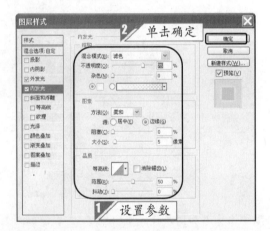

⑦ 在【图层】面板中的【填充】文本框中输入 "17%"。

⑧ 单击【添加图层蒙版】按钮 ,为该图层添

加图层蒙版。

⑨ 将前景色设置黑色,选择【画工具笔】 ,在工具选项栏中设置如下图所示的参数。

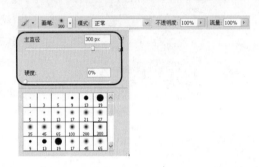

⑩ 在图像中涂抹人物部分的线条,得到如下图所示的效果。

⑪ 将前景色设置为白色,选择【横排文字工具】 ,在工具选项栏中设置适当的字体及字号。

⑫ 在图像中输入如下图所示的文字,输入完成后单击工具选项栏中的【提交所有当前编辑】按钮 确认操作。

13 选择【图层3】图层，在该图层上单击鼠标右键，在弹出的菜单中选择【拷贝图层样式】菜单项。

14 选择文字图层，在该图层上单击鼠标右键，在弹出的菜单中选择【粘贴图层样式】菜单项。

15 添加图层样式后得到如下图所示的效果。

16 选择【横排文字】工具 T，在工具选项栏中设置适当的字体及字号。

17 在图像中输入如下图所示的文字，输入完成后单击工具选项栏中的【提交所有当前编辑】按钮 ✔ 确认操作。

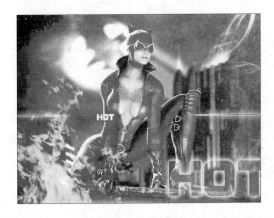

18 选择【曲线1】图层，单击【创建新图层】按钮，新建图层。

19 将前景色设置为白色，选择【画笔工具】 ✐，打开【画笔】面板，分别设置【画笔笔尖形状】、

【形状动态】和【散布】选项组的参数。

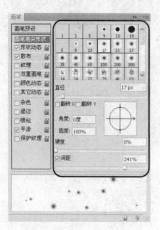

⑳ 在图像中绘制光点，最终得到如下图所示的效果。

5.3 天使的翅膀

本节主要介绍应用图层蒙版以及文字工具等制作漂亮的羽翼人物效果。

▲ 素材文件与最终效果对比

本实例素材文件和最终效果所在位置如下。	
素材文件	第5章\5.3\素材文件\1.jpg、1.tiff
最终效果	第5章\5.3\最终效果\1.psd

1.　添加翅膀

① 打开本实例对应的素材文件 1.jpg，按【Ctrl】+【J】组合键复制【背景】图层，得到【图层1】图层。

② 将前景色设置为"8e9880"号色，背景色设置为"2f3529"号色，选择【渐变工具】█，在工具选项栏中设置如下图所示的选项。

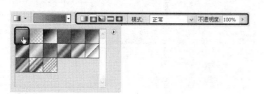

③ 隐藏【图层1】图层，选中【背景】图层。选择【渐变工具】█，在图像上由内向外拖动鼠标填充渐变。

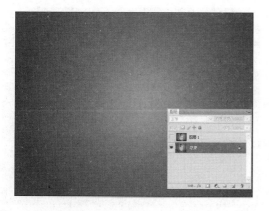

④ 选择【钢笔工具】☉，在工具选项栏中设置如下图所示的选项。

⑤ 选中并显示【图层1】图层，使用【钢笔工具】☉在图像中绘制如下图所示的路径。

⑥ 按【Ctrl】+【Enter】组合键将路径转换为选区。

⑦ 按【Shift】+【F6】组合键，弹出【羽化选区】对话框，从中设置如下图所示的参数，然后单击 ▢ 确定 ▢ 按钮。

⑧ 单击【添加图层蒙版】按钮 ▢，将选区外的图像隐藏，得到如下图所示的效果。

⑨ 单击【图层1】图层的图层缩览图，使用【移动工具】　向左移动图像。

⑩ 打开本实例对应的素材文件1.tiff。

⑪ 选择【移动工具】　，将素材文件1.tiff中的翅膀图像拖动到素材文件1.jpg中，并将【翅膀】图层移至【图层1】图层的下方。

⑫ 在【设置图层的混合模式】下拉列表中选择【叠加】选项。

⑬ 选择【图层1】图层，单击【创建新图层】按钮　，新建图层。选择【钢笔工具】　，在图像中绘制如下图所示的路径。

⑭ 选择【画笔工具】　，在工具选项栏中设置如下图所示的参数。

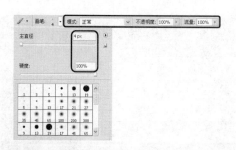

⑮ 将前景色设置为白色，打开【路径】面板，按住【Alt】键单击【用画笔描边路径】按钮 ，弹出【描边路径】对话框，从中设置如下图所示的选项，然后单击 确定 按钮。

⑯ 单击【路径】面板的空白位置隐藏路径，得到如下图所示的效果。

⑰ 单击【添加图层样式】按钮 fx.，在弹出的菜单中选择【外发光】菜单项。

⑱ 在弹出的【图层样式】对话框中设置如下图所示的参数，然后单击 确定 按钮。

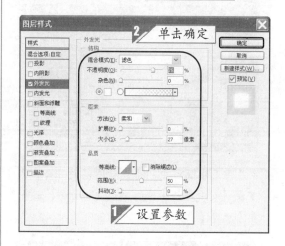

⑲ 单击【添加图层蒙版】按钮 ，为该图层添加图层蒙版。

⑳ 选择【画笔工具】 ，在工具选项栏中设置如下图所示的参数。

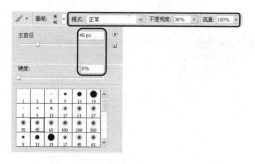

㉑ 将前景色设置为黑色，然后涂抹光线的部分图像。

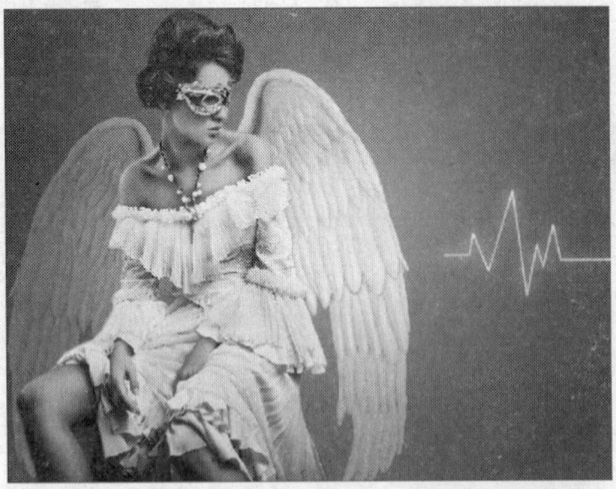

22 在【图层】面板中的【设置图层的混合模式】下拉列表中选择【线性减淡（添加）】选项，在【填充】文本框中输入“54%”。

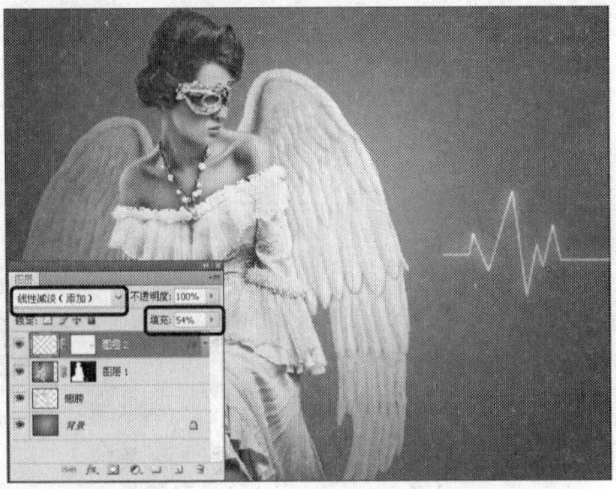

23 单击【创建新图层】按钮，新建图层。

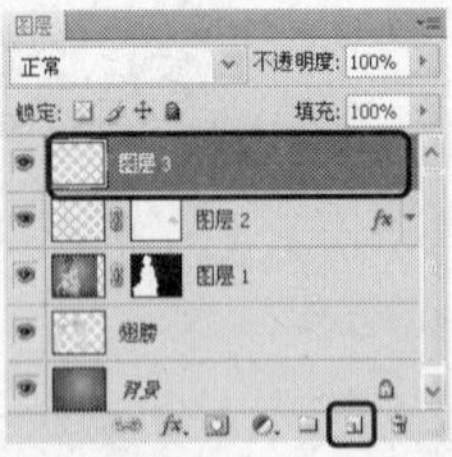

24 将前景色设置为白色，选择【自定形状工具】，在工具选项栏中设置如下图所示的选项。

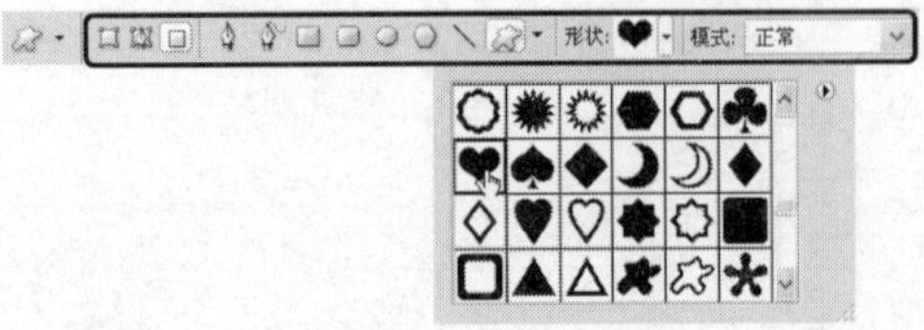

25 按住【Shift】键在图像中绘制如图所示的心形。

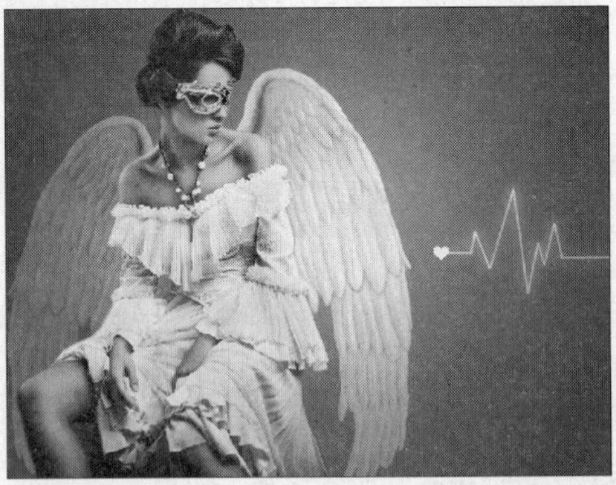

26 选择【图层】➢【图层样式】➢【外发光】菜单项，在弹出的【图层样式】对话框中设置如下图所示的参数，然后单击 确定 按钮。

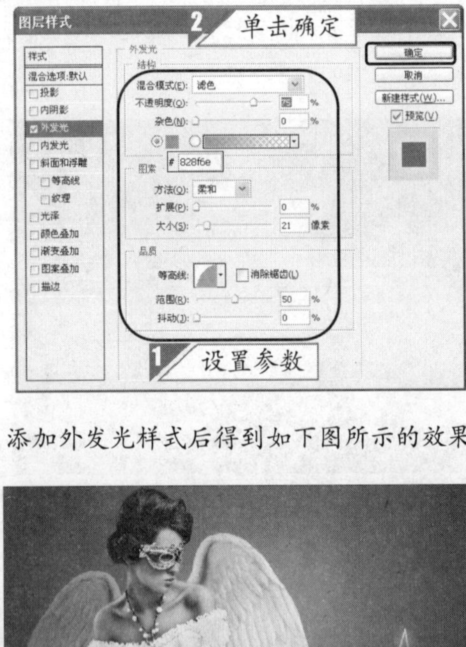

27 添加外发光样式后得到如下图所示的效果。

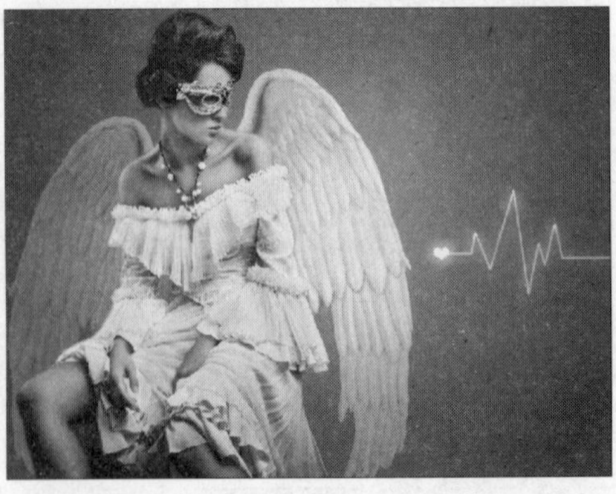

2. 添加文字

1 将前景色设置为白色，选择【横排文字工具】T，在工具选项栏中的【设置字体系列】下

拉列表中选择适当的字体,在【设置字体大小】
下拉列表中选择合适的字号。

② 在图像中输入如下图所示的文字。

③ 在工具选项栏中的【设置字体大小】下拉列表
中选择合适的字号,在【设置字体系列】下拉
列表中选择适当的字体。

④ 在图像中继续输入其他文字,输入完成后单击
工具选项栏中的【提交所有当前编辑】按钮 ✔
确认操作。

⑤ 参照上述方法在图像中输入其他文字,得到如
下图所示的效果。

⑥ 在【图层】面板中的【填充】文本框中输入
"50%"。

⑦ 最终得到如下图所示的效果。

5.4　白月光

本节主要介绍应用图层蒙版以及滤镜等制作漂亮的朦胧月光效果。

▲ 素材文件与最终效果对比

本实例素材文件和最终效果所在位置如下。	
素材文件	第5章\5.4\素材文件\1.jpg、2.jpg
最终效果	第5章\5.4\最终效果\1.psd

1. 背景的合成及满月的制作

① 打开本实例对应的素材文件 1.jpg，按【Ctrl】+【J】组合键复制【背景】图层，得到【图层1】图层。

② 打开本实例对应的素材文件 2.jpg。

③ 选择【移动工具】，将素材文件 2.jpg 中的图像拖动到素材文件 1.jpg 中。

④ 使用【移动工具】调整图像的位置，并将该图层移至【图层1】图层的下方，隐藏【图层1】图层，得到如下图所示的效果。

⑤ 在【设置图层的混合模式】下拉列表中选择【柔光】选项。

⑥ 设置混合模式后得到如下图所示的效果。

⑦ 单击【设置前景色】图标，在弹出的【拾色器（前景色）】对话框中设置如下图所示的参数，然后单击 ___确定___ 按钮。

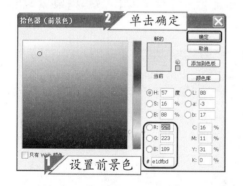

⑧ 选择【椭圆工具】 ，在工具选项栏中设置如下图所示的选项。

⑨ 单击【创建新图层】按钮 ，新建图层。

⑩ 按住【Shift】键在图像中绘制如下图所示的圆形。

⑪ 在【设置图层的混合模式】下拉列表中选择【明度】选项。

⑫ 设置混合模式后得到如下图所示的效果。

⑬ 单击【添加图层样式】按钮 fx. ，在弹出的菜单中选择【外发光】菜单项。

⑭ 在弹出的【图层样式】对话框中设置如下图所示的参数。

⑮ 选择【内发光】选项，设置如下图所示的内发光参数，然后单击 **确定** 按钮。

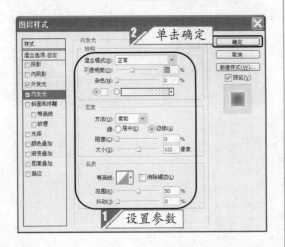

⑯ 设置图层样式后得到如下图所示的效果。

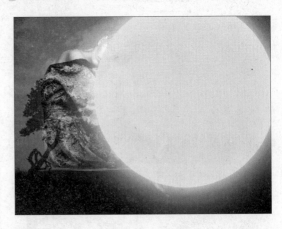

⑰ 单击【创建新图层】按钮 ⬚，新建图层。

⑱ 按住【Ctrl】键单击【图层 3】图层的图层缩览图，载入选区。

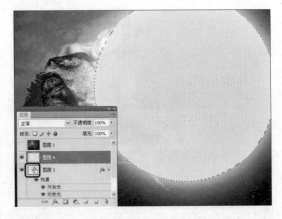

⑲ 将前景色设置为黑色，将背景色设置为白色，选择【滤镜】▷【渲染】▷【云彩】菜单项，为选区添加云彩效果。

⑳ 在【设置图层的混合模式】下拉列表中选择【亮光】选项，在【填充】文本框中输入"27%"。

㉑ 按【Ctrl】+【D】组合键取消选区，得到如下图所示的效果。

㉒ 单击【创建新的填充或调整图层】按钮 ，在弹出的菜单中选择【色彩平衡】菜单项。

㉓ 在【色彩平衡】对应的面板中设置如下图所示的参数。

㉔ 按【Ctrl】+【Alt】+【G】组合键将调整图层嵌入到下一图层中。

㉕ 在【填充】文本框中输入"63%"。

2.　编辑人物及文字

① 选中并显示【图层 1】图层，得到如下图所示的效果。

② 选择【钢笔工具】 ✒，在工具选项栏中设置如下图所示的选项。

⑥ 按【Ctrl】+【Enter】组合键将路径转换为选区。

③ 在图像中沿着人物的外轮廓绘制如下图所示的闭合路径。

⑦ 按【Shift】+【F6】组合键，弹出【羽化选区】对话框，在该对话框中设置如下图所示的参数，然后单击 确定 按钮。

⑧ 将前景色设置为黑色，单击【添加图层蒙版】按钮 ▢，隐藏多余的背景图像。

④ 在工具选项栏中重新设置如下图所示的选项。

⑨ 添加蒙版后得到如下图所示的效果。

⑤ 在图像中绘制如下图所示的路径。

⑩ 选择【直排文字工具】 ，在工具选项栏中的【设置字体系列】下拉列表中选择合适的字体，在【设置字体大小】下拉列表中选择合适的字号。

⑪ 在图像中输入如下图所示的文字，输入完成后单击工具选项栏中的【提交所有当前编辑】按

钮 ✓ 确认操作，最终得到如下图所示的效果。

5.5　古城

本节主要介绍应用图层蒙版以及渐变映射等制作金碧辉煌的古城效果。

▲　素材文件与最终效果对比

本实例素材文件和最终效果所在位置如下。	
素材文件	第5章\5.5\素材文件\1.jpg、2.jpg
最终效果	第5章\5.5\最终效果\1.psd

1.　合成云彩

① 打开本实例对应的素材文件 1.jpg，按【Ctrl】+【J】组合键复制【背景】图层，得到【图层1】图层，如下图所示。

② 按【Ctrl】+【S】组合键，弹出【存储为】对话框，该对话框中的设置如下图所示，然后单击　保存(S)　按钮。

③ 选择【魔术棒工具】 ，在工具选项栏中设置如下图所示的选项。

④ 使用【魔术棒工具】 在天空中单击，然后在按住【Shift】键的同时使用【魔术棒工具】 将天空部分完全选取，如下图所示。

⑤ 选择【选择】➤【扩大选取】菜单项。

⑥ 选择【选择】➤【选取相似】菜单项。

⑦ 设置选区后得到的图像效果如下图所示。

⑧ 按【Shift】+【Ctrl】+【I】组合键将选区反选，然后按【Shift】+【F6】组合键，弹出【羽化选区】对话框，在该对话框中参数的设置如下图所示，然后单击 确定 按钮。

⑨ 打开【图层】面板，单击【添加图层蒙版】按钮 ，为【图层 1】图层创建图层蒙版，如下图所示。

⑩ 选择【背景】图层，如下图所示。

⑪ 打开素材文件 2.jpg，如下图所示。

⑫ 使用【移动工具】 将素材文件 2.jpg 中的图像拖动到素材文件 1.jpg 中，按【Ctrl】+【T】组合键调出调整控制框，调整图像的大小和位置，按【Enter】键使用变换效果，图像效果如下图所示。

2.　金碧辉煌效果的制作

① 选择【图层 1】图层，如下图所示。

② 单击【创建新的填充或调整图层】按钮 ，在下拉菜单中选择【渐变映射】菜单项。

③ 在【调整】面板中单击【渐变映射】后的·按钮，在下拉面板中选择【橙，黄，橙渐变】，如下图所示。

④ 打开【图层】面板，选择【渐变映射 1】图层的图层蒙版，如下图所示。

⑤ 将前景色设置为黑色，背景色设置为白色，选择【画笔工具】 ✎ ，工具选项栏中的设置如下图所示。

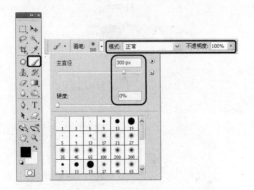

⑥ 使用【画笔工具】 ✎ 在建筑上涂抹，得到的图像效果如下图所示。

⑦ 在工具选项栏中再次设置【画笔工具】 ✎ ，如下图所示。

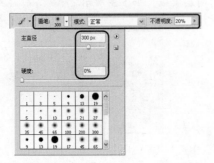

⑧ 使用【画笔工具】 ✎ 在建筑边缘涂抹，使建筑颜色融合得更好，得到的图像效果如下图所示。

⑨ 单击【创建新的填充或调整图层】按钮 ⊘ ，在弹出的下拉菜单中选择【渐变】菜单项。

⑩ 弹出【渐变填充】对话框，在对话框中各参数的设置如下图所示。

⑪ 得到的图像效果如下图所示。

⑫ 单击【创建新的填充或调整图层】按钮 ，
在弹出的下拉菜单中选择【亮度/对比度】菜
单项。

⑬ 在【调整】面板中各参数的设置如下图所示。

⑭ 得到的图像效果如下图所示。

⑮ 单击【创建新的填充或调整图层】按钮 ，
在弹出的下拉菜单中选择【色彩平衡】菜单项。

⑯ 在【调整】面板中各参数的设置如下图所示。

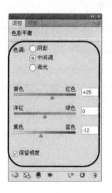

⑰ 得到的图像效果如下图所示。

3. 斑驳文字的制作

① 单击【设置前景色】图标，弹出【拾色器（前景色）】对话框，在【#】文本框中输入"710000"，然后单击 确定 按钮。

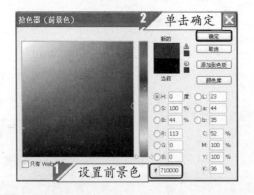

② 选择【直排文字工具】，在图像上单击，然后在工具选项栏中的【设置字体系列】下拉列表中选择合适的字体，在【设置字体大小】下拉列表中选择合适的字号。

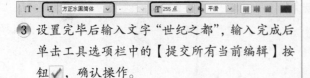

③ 设置完毕后输入文字"世纪之都"，输入完成后单击工具选项栏中的【提交所有当前编辑】按钮，确认操作。

④ 在【图层】面板中单击【添加图层样式】按钮 fx.，在弹出的下拉菜单中选择【斜面和浮雕】菜单项。

⑤ 弹出【图层样式】对话框，其中各参数的设置如下图所示，然后单击 确定 按钮。

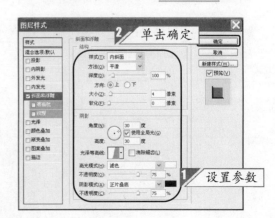

⑥ 添加图层样式后得到的图像效果如下图所示。

⑦ 打开【图层】面板，单击【添加图层蒙版】按钮 ▣，为文字图层创建图层蒙版，如下图所示。

⑧ 将前景色设置为黑色，背景色设置为白色，选择【画笔工具】 ✎，在工具选项栏中的设置如下图所示。

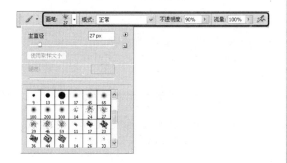

⑨ 交替按【 [】和【] 】键调整画笔的直径，在文字上轻微涂抹，得到的图像效果如下图所示。

⑩ 选择【移动工具】 ▶♦，调整文字位置，如下图所示。

4. 制作印章效果

① 单击【创建新图层】按钮 ◰，新建【图层 3】图层。

② 使用【矩形选框工具】 绘制矩形选区，如下图所示。

⑤ 按【Delete】键将选区颜色清除，按【Ctrl】+【D】组合键取消选区，图像效果如下图所示。

③ 按【Alt】+【Delete】组合键，将选区填充为前景色。

④ 使用【矩形选框工具】 在色块中央绘制矩形选区，如下图所示。

⑥ 打开【图层】面板，单击【添加图层蒙版】按钮 ，为【图层 3】图层创建图层蒙版，如下图所示。

⑦ 将前景色设置为黑色，背景色设置为白色，选择【画笔工具】 ✏ ，在工具选项栏中的设置如下图所示。

⑧ 使用【画笔工具】 ✏ 在红色边框上反复涂抹，得到如下图所示的效果。

⑨ 在工具箱中选择【直排文字工具】 ⚟T ，在工具选项栏中各参数的设置如下图所示。

⑩ 在图像上输入文字"华夏"，选择【移动工具】 ⊹ 调整文字位置，得到的图像最终效果如下图所示。

5.6　彩色光效果

本节主要介绍应用专色通道以及渐变等制作漂亮的魔幻彩色光效果。

▲ 素材文件与最终效果对比

本实例素材文件和最终效果所在位置如下。	
素材文件	第5章\5.6\素材文件\1.jpg
最终效果	第5章\5.6\最终效果\1.psd

制作彩色光效果的具体操作如下：

① 打开本实例对应的素材文件 1.jpg，按【Ctrl】+【J】组合键复制【背景】图层，得到【图层 1】图层。

② 选择【滤镜】➤【模糊】➤【高斯模糊】菜单项，在弹出的【高斯模糊】对话框中设置如下图所示的参数，然后单击 确定 按钮。

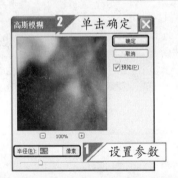

③ 模糊图像后得到如下图所示的效果。

④ 在【设置图层的混合模式】下拉列表中选择【叠加】选项。

⑤ 设置混合模式后得到如下图所示的效果。

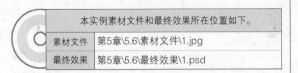

⑥ 打开【通道】面板，单击【通道】面板右上角的■按钮，在弹出的菜单中选择【新建专色通道】菜单项。

⑦ 弹出【新建专色通道】对话框，单击【颜色】图标，弹出【选择专色】对话框，从中设置如下图所示的参数，然后单击 确定 按钮。

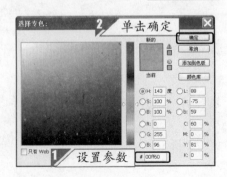

⑧ 在【新建专色通道】对话框中设置如下图所示的参数，然后单击　确定　按钮。

⑨ 将前景色设置为黑色，选择【渐变工具】 ，在工具选项栏中设置如下图所示的选项。

⑩ 在图像中由右下角至中心位置拖动鼠标，填充渐变，得到如下图所示的效果。

⑪ 单击【通道】面板右上角的 按钮，在弹出的菜单中选择【新建专色通道】菜单项。

⑫ 弹出【新建专色通道】对话框，单击【颜色】图标，弹出【选择专色】对话框，从中设置如下图所示的参数，然后单击　确定　按钮。

⑬ 在【新建专色通道】对话框中设置如下图所示的参数，然后单击　确定　按钮。

⑭ 将前景色设置为黑色，选择【渐变工具】 ，在工具选项栏中设置如下图所示的选项。

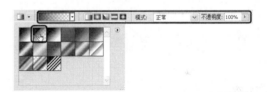

⑮ 在图像中由左下角至右上角拖动鼠标，填充渐变，得到如下图所示的效果。

⑯ 单击【通道】面板右上角的 按钮，在弹出的菜单中选择【新建专色通道】菜单项。

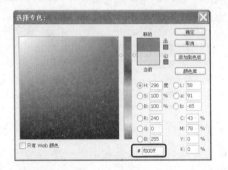

⑰ 弹出【新建专色通道】对话框，单击【颜色】
图标，弹出【选择专色】对话框，从中设置如
下图所示的参数，然后单击 确定 按钮。

⑱ 在【新建专色通道】对话框中设置如下图所示
的参数，然后单击 确定 按钮。

⑲ 将前景色设为黑色，选择【渐变工具】 ，
在工具选项栏中设置如下图所示的选项。

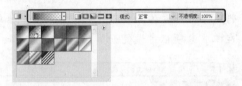

⑳ 按住【Shift】键在图像中由上至下拖动鼠标，
填充渐变，得到如下图所示的效果。

5.7 添加精美装饰

本节主要介绍应用滤镜中的特殊功能以及快速蒙版等制作各种漂亮的边框效果。

5.7.1 海报边缘边框效果

▲ 素材文件与最终效果对比

本实例素材文件和最终效果所在位置如下。	
素材文件	第5章\5.7.1\素材文件\1.jpg
最终效果	第5章\5.7.1\最终效果\1.psd

制作海报边缘边框效果的具体操作如下：

① 打开本实例对应的素材文件 1.jpg，按【Ctrl】+【J】组合键复制图层。

② 选择【矩形选框工具】，在图像中绘制如下图所示的矩形选区。

③ 按【Ctrl】+【Shift】+【I】组合键，将选区反选。

④ 单击工具箱中的【以快速蒙版模式编辑】按钮，将选区转换为蒙版。

⑤ 选择【滤镜】>【像素化】>【碎片】菜单项，将图像碎片化。

⑥ 添加碎片滤镜后得到如下图所示的效果。

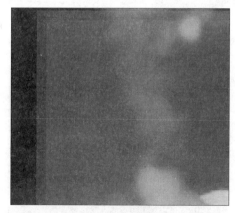

⑦ 选择【滤镜】>【艺术效果】>【海报边缘】菜单项。

⑧ 在弹出的【海报边缘】对话框中设置如下图所示的参数，然后单击 确定 按钮。

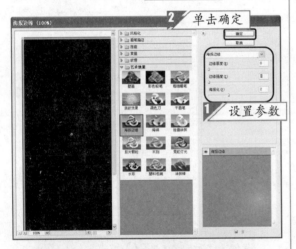

⑨ 添加滤镜后得到如下图所示的效果。

⑩ 选择【滤镜】➢【锐化】➢【锐化】菜单项，将图像锐化，并连续按3次【Ctrl】+【F】组合键执行该命令。

⑪ 单击工具箱中的【以标准模式编辑】按钮，将蒙版的形状转换为选区。

⑫ 按【Delete】键删除选区内的图像，按【Ctrl】+【D】组合键取消选区。

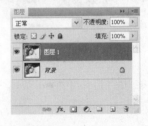

⑬ 将前景色设置为白色，选择【背景】图层，按【Alt】+【Delete】组合键填充图像。

⑭ 选择【图层 1】图层。

⑮ 单击【添加图层样式】按钮 fx，在弹出的下拉列表中选择【内阴影】选项。

⑯ 在弹出的【图层样式】对话框中设置如下图所示的参数。

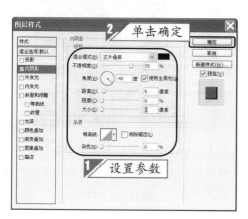

⑰ 单击对话框中【混合模式】后面的颜色框，在弹出的【选择阴影颜色】对话框中设置如下图所示的参数，单击 确定 按钮。

⑱ 选择【内发光】选项，并设置如下图所示的参数，然后单击 确定 按钮。

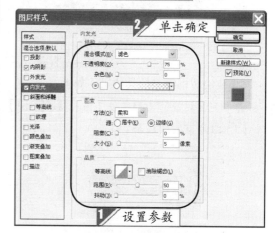

⑲ 最终得到如下图所示的效果。

5.7.2 波浪边框效果

▲ 素材文件与最终效果对比

本实例素材文件和最终效果所在位置如下。

素材文件	第5章\5.7.2\素材文件\1.jpg
最终效果	第5章\5.7.2\最终效果\1.psd

制作波浪边框效果的具体操作如下:

① 打开本实例对应的素材文件 1.jpg,按【Ctrl】+【J】组合键复制图层。

② 选择【背景】图层,将前景色设置为白色,按【Alt】+【Delete】组合键填充图像。

③ 选择【图层1】图层。

④ 选择【矩形选框工具】 ,在工具选项栏中设置如下图所示的参数。

⑤ 在图像中绘制如下图所示的选区。

⑥ 单击工具箱中的【以快速蒙版模式编辑】按钮 ,将选区转换为蒙版。

⑦ 选择【滤镜】>【扭曲】>【波浪】菜单项,在弹出的【波浪】对话框中设置如下图所示的参数,单击 确定 按钮。

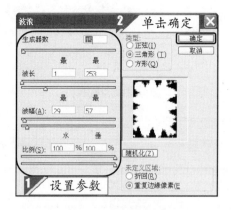

⑧ 设置完成后得到如下图所示的效果。

⑨ 选择【滤镜】➤【像素化】➤【碎片】菜单项。

⑩ 将图像碎片化处理，得到如下图所示的效果。

⑪ 选择【滤镜】➤【锐化】➤【锐化】菜单项。

⑫ 将图像锐化处理，并多次按【Ctrl】+【F】组合键执行该命令，效果如下图所示。

⑬ 单击工具箱中的【以标准模式编辑】按钮
，将蒙版的形状转换为选区。

⑭ 按【Ctrl】+【Shift】+【I】组合键，将选区反选。

⑮ 按【Delete】键删除选区内的图像，按【Ctrl】+【D】组合键取消选区。

⑯ 单击【添加图层样式】按钮 fx，在弹出的菜单中选择【投影】菜单项。

⑰ 在弹出的【图层样式】对话框中设置如下图所示的参数，然后单击　确定　按钮。

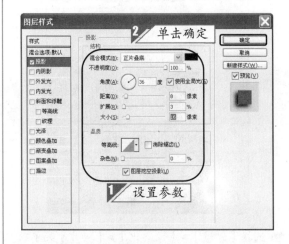

⑱ 最终得到如下图所示的效果。

5.7.3 晶格化边框效果

▲ 素材文件与最终效果对比

本实例素材文件和最终效果所在位置如下。	
素材文件	第5章\5.7.3\素材文件\1.jpg
最终效果	第5章\5.7.3\最终效果\1.psd

制作晶格化边框效果的具体操作如下:

① 打开本实例对应的素材文件 1.jpg,按【Ctrl】+【J】组合键复制图层,得到【图层 1】图层。

② 选择【背景】图层,将前景色设置为白色,按【Alt】+【Delete】组合键填充图像。

③ 选择【图层 1】图层。

④ 选择【矩形选框工具】，在工具选项栏中设置如下图所示的选项。

⑤ 在图像中绘制如下图所示的矩形选区。

⑥ 按【Ctrl】+【Shift】+【I】组合键,将选区反选。

⑦ 单击工具箱中的【以快速蒙版模式编辑】按钮，将选区转换为蒙版。

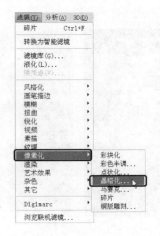

⑩ 选择【滤镜】➤【像素化】➤【晶格化】菜单项。

⑧ 选择【滤镜】➤【像素化】➤【碎片】菜单项。

⑪ 在弹出的【晶格化】对话框中设置如下图所示的参数，设置完成后单击 确定 按钮。

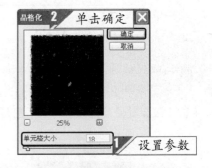

⑨ 将图像碎片化处理后得到如下图所示的效果。

⑫ 添加晶格化滤镜后得到如下图所示的效果。

⑬ 选择【滤镜】▷【素描】▷【铬黄】菜单项。

⑭ 在弹出的【铬黄渐变】对话框中设置如下图所示的参数，设置完成后单击　确定　按钮。

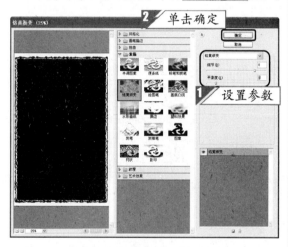

⑮ 添加滤镜后得到如下图所示的效果。

⑯ 单击工具箱中的【以标准模式编辑】按钮，将蒙版的形状转换为选区。

⑰ 按【Delete】键删除选区内的图像，按【Ctrl】+【D】组合键取消选区。

⑱ 单击【添加图层样式】按钮 fx，在弹出的菜单中选择【投影】菜单项。

19 在弹出的【图层样式】对话框中设置如下图所示的参数，然后单击 确定 按钮。

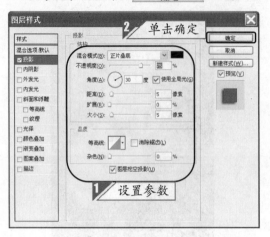

20 图像的最终效果如下图所示。

5.7.4 铬黄边框效果

▲ 素材文件与最终效果对比

本实例素材文件和最终效果所在位置如下。	
素材文件	第5章\5.7.4\素材文件\1.jpg
最终效果	第5章\5.7.4\最终效果\1.psd

制作铬黄边框效果的具体操作如下：

1 打开本实例对应的素材文件 1.jpg，按【Ctrl】+【J】组合键复制图层。

2 选择【背景】图层，将前景色设置为白色，按【Alt】+【Delete】组合键填充图像。

3 选择【图层1】图层，选择【矩形选框工具】，在图像中绘制如下图所示的矩形选区。

4 按【Ctrl】+【Shift】+【I】组合键，将选区反选。

⑤ 单击工具箱中的【以快速蒙版模式编辑】按钮 ⟦○⟧，将选区转换为蒙版。

⑥ 选择【滤镜】>【像素化】>【彩色半调】菜单项。

⑦ 在弹出的【彩色半调】对话框中设置如下图所示的参数，设置完成后单击　确定　按钮。

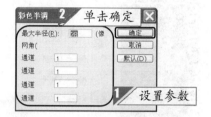

⑧ 设置完成后得到如下图所示的效果。

⑨ 选择【滤镜】>【素描】>【铬黄】菜单项。

⑩ 在弹出的【铬黄渐变】对话框中设置如下图所示的参数，设置完成后单击　确定　按钮。

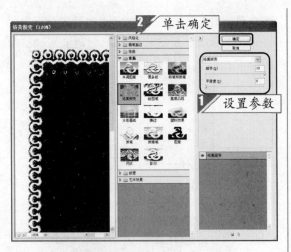

⑪ 得到如下图所示的效果。

⑫ 选择【滤镜】➤【锐化】➤【锐化】菜单项，
将图像锐化。

⑬ 连续按【Ctrl】+【F】组合键，执行 3 次该命
令。

⑭ 单击工具箱中的【以标准模式编辑】按钮
，将蒙版的形状转换为选区。

⑮ 按【Delete】键删除选区内的图像，按【Ctrl】
+【D】组合键取消选区。

5.7.5　马赛克边框效果

▲　素材文件与最终效果对比

本实例素材文件和最终效果所在位置如下。	
素材文件	第5章\5.7.5\素材文件\1.jpg
最终效果	第5章\5.7.5\最终效果\1.psd

制作马赛克边框效果的具体操作如下：

① 打开本实例对应的素材文件 1.jpg，按【Ctrl】+【J】组合键复制图层。

② 选择【背景】图层，将前景色设置为白色，按【Alt】+【Delete】组合键填充图像。

③ 选择【图层 1】图层。

④ 选择【矩形选框工具】□，在图像中绘制如下图所示的矩形选区。

⑤ 单击工具箱中的【以快速蒙版模式编辑】按钮□，将选区转换为蒙版。

⑥ 选择【滤镜】>【像素化】>【晶格化】菜单项。

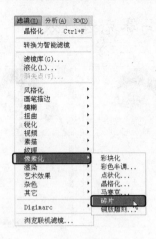

⑦ 在弹出的【晶格化】对话框中设置如下图所示的参数，设置完成后单击　确定　按钮。

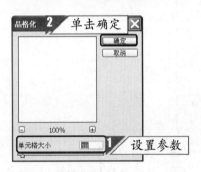

⑧ 得到如下图所示的效果。

⑩ 将图像进行碎片化处理。

⑪ 选择【滤镜】▶【像素化】▶【马赛克】菜单项，在弹出的【马赛克】对话框中设置如下图所示的参数，然后单击　确定　按钮。

⑨ 选择【滤镜】▶【像素化】▶【碎片】菜单项。

⑫ 选择【滤镜】▶【锐化】▶【锐化】菜单项。

⑬ 将其进行锐化处理，并多次按【Ctrl】+【F】组合键执行该命令。

⑭ 单击工具箱中的【以标准模式编辑】按钮，将蒙版的形状转换为选区。

⑮ 按【Ctrl】+【Shift】+【I】组合键反选选区。

⑯ 按【Delete】键删除选区内的图像，按【Ctrl】+【D】组合键取消选区。

⑰ 单击【添加图层样式】按钮，在弹出的菜单中选择【描边】菜单项。

⑱ 弹出【图层样式】对话框，从中设置如下图所示的参数，然后单击 确定 按钮。

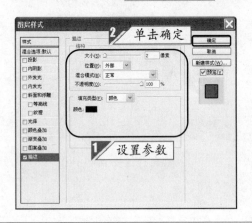

⑲ 最终得到如下图所示的效果。

5.7.6 喷溅边框效果

▲ 素材文件与最终效果对比

本实例素材文件和最终效果所在位置如下。	
素材文件	第5章\5.7.6\素材文件\1.jpg
最终效果	第5章\5.7.6\最终效果\1.psd

制作喷溅边框效果的具体操作如下：

① 打开本实例对应的素材文件 1.jpg，按【Ctrl】+【J】组合键复制图层。

② 选择【背景】图层，将前景色设置为白色，按

【Alt】+【Delete】组合键填充图像。

③ 选择【矩形选框工具】[ ]，在工具选项栏中设置如下图所示的参数。

④ 选择【图层1】图层，在图像中绘制如下图所示的矩形选区。

⑤ 单击工具箱中的【以快速蒙版模式编辑】按钮 〇，将选区转换为蒙版。

⑥ 选择【滤镜】➤【像素化】➤【晶格化】菜单项。

⑦ 在弹出的【晶格化】对话框中设置如下图所示的参数，设置完成后单击 确定 按钮。

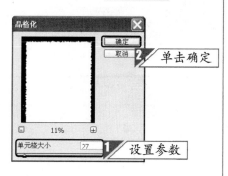

⑧ 设置完成后得到如下图所示的效果。

⑨ 选择【滤镜】➤【像素化】➤【碎片】菜单项，将其进行碎片化处理。

⑩ 选择【滤镜】➤【画笔描边】➤【喷溅】菜单项，在弹出的【喷溅】对话框中设置如下图所示的参数，然后单击 确定 按钮。

⑪ 设置完成后得到如下图所示的效果。

⑫ 选择【滤镜】➤【扭曲】➤【挤压】菜单项。

⑬ 在弹出的【挤压】对话框中设置如下图所示的参数，然后单击　确定　按钮。

⑭ 设置挤压滤镜后得到如下图所示的效果。

⑮ 选择【滤镜】➤【扭曲】➤【旋转扭曲】菜单项。

⑯ 在弹出的【旋转扭曲】对话框中设置如下图所示的参数，然后单击 确定 按钮。

⑰ 设置扭曲滤镜后得到如下图所示的效果。

⑱ 单击工具箱中的【以标准模式编辑】按钮，将蒙版的形状转换为选区。

⑲ 按【Ctrl】+【Shift】+【I】组合键反选选区，按【Delete】键删除选区内的图像，按【Ctrl】

+【D】组合键取消选区。

⑳ 单击【添加图层样式】按钮 fx.，在弹出的菜单中选择【描边】菜单项。

㉑ 弹出【图层样式】对话框，从中设置如下图所示的参数。

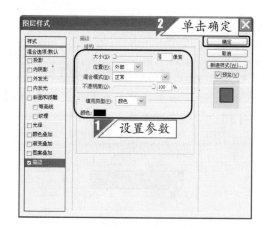

㉒ 选择【投影】选项，设置如下图所示的参数，然后单击 确定 按钮。

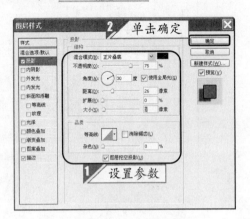

㉓ 最终得到如下图所示的效果。

5.7.7 彩色半调边框效果

▲ 素材文件与最终效果对比

本实例素材文件和最终效果所在位置如下。

素材文件	第5章\5.7.7\素材文件\1.jpg
最终效果	第5章\5.7.7\最终效果\1.psd

制作彩色半调边框效果的具体操作如下：

① 打开本实例对应的素材文件 1.jpg，按【Ctrl】+【J】组合键复制图层。

② 选择【矩形选框工具】，在工具选项栏中设置如下图所示的参数。

③ 在图像中绘制如下图所示的矩形选区。

④ 单击工具箱中的【以快速蒙版模式编辑】按钮，将选区转换为蒙版。

⑤ 选择【滤镜】➤【像素化】➤【彩色半调】菜单项。

⑥ 在弹出的【彩色半调】对话框中设置如下图所示的参数，设置完成后单击 确定 按钮。

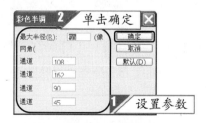

⑦ 设置完成后得到如下图所示的效果。

⑧ 选择【滤镜】➤【像素化】➤【碎片】菜单项。

⑨ 将图像碎片化处理后得到如下图所示的效果。

⑩ 连续按【Ctrl】+【F】组合键 3 次，重复执行该命令。

⑪ 选择【滤镜】➤【锐化】➤【锐化】菜单项。

⑫ 将图像锐化后得到如下图所示的效果。

⑬ 连续按【Ctrl】+【F】组合键，执行 3 次该命令。

⑭ 单击工具箱中的【以标准模式编辑】按钮，将蒙版的形状转换为选区。

⑮ 按【Ctrl】+【Shift】+【I】组合键将选区反选，按【Delete】键删除选区内的图像，按【Ctrl】+【D】组合键取消选区。

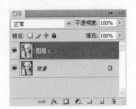

⑯ 选择【背景】图层。

⑰ 将前景色设置为白色，按【Alt】+【Delete】
组合键填充图像。

⑱ 选择【图层1】图层。

⑲ 打开【调整】面板，单击【色彩平衡】图标，
在打开的【色彩平衡】对应的面板中选中【阴
影】单选钮，设置如下图所示的参数。

⑳ 在【色彩平衡】对应的面板中选中【中间调】
单选钮，设置如下图所示的参数。

㉑ 在【色彩平衡】对应的面板中选中【高光】单
选钮，设置如下图所示的参数。

㉒ 最终得到如下图所示的效果。

5.7.8　小镜头边框效果

▲　素材文件与最终效果对比

本实例素材文件和最终效果所在位置如下。	
素材文件	第5章\5.7.8\素材文件\1.jpg
最终效果	第5章\5.7.8\最终效果\1.psd

制作小镜头边框效果的具体操作如下：

① 打开本实例对应的素材文件 1.jpg，按【Ctrl】
＋【J】组合键复制图层。

② 将前景色设置为白色，选择【背景】图层，按
【Alt】＋【Delete】组合键填充图像。

③ 选择【矩形选框工具】，在工具选项栏中
设置如下图所示的参数及选项。

④ 在图像中绘制如下图所示的矩形选区。

⑤ 按【Ctrl】＋【Shift】＋【I】组合键反选选区。

⑥ 单击工具箱中的【以快速蒙版模式编辑】按钮
，将选区转换为蒙版。

⑦ 选择【滤镜】▷【像素化】▷【彩色半调】菜单项,在弹出的【彩色半调】对话框中设置如下图所示的参数,设置完成后单击 确定 按钮。

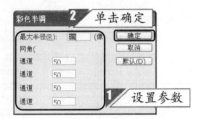

⑧ 得到如下图所示的效果。

⑨ 选择【滤镜】▷【扭曲】▷【玻璃】菜单项,在弹出的【玻璃】对话框中设置如下图所示的参数,设置完成后单击 确定 按钮。

⑩ 设置滤镜后得到如下图所示的效果。

⑪ 单击工具箱中的【以标准模式编辑】按钮 ,将蒙版的形状转换为选区。

⑫ 选择【图层 1】图层。

⑬ 按【Delete】键删除选区内的图像。

⑭ 按【Ctrl】+【D】组合键取消选区。

⑮ 选择【图层】>【图层样式】>【描边】菜单
项，弹出【图层样式】对话框，从中设置如下
图所示的参数，然后单击　　确定　　按钮。

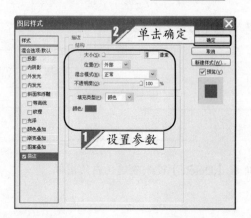

⑯ 添加样式后得到如下图所示的效果。

⑰ 打开【调整】面板，单击【色相/饱和度】图
标 ▇，在打开的【色相/饱和度】对应的面板
中设置如下图所示的参数。

⑱ 设置完成后得到如下图所示的效果。

⑲ 单击【创建新的填充或调整图层】按钮 ，在弹出的菜单中选择【色阶】菜单项。

⑳ 在【色阶】对应的面板中设置如下图所示的参数。

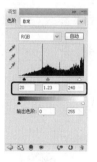

㉑ 最终得到如下图所示的效果。

练兵场
异型边框

按照 5.7.8 小节介绍的方法，应用滤镜功能制作异型边框效果，操作过程可参见配套光盘\练兵场\异型边框。

▲ 素材文件与最终效果对比

5.7.9　照片边框效果

▲ 素材文件与最终效果对比

本实例素材文件和最终效果所在位置如下。	
素材文件	第5章\5.7.9\素材文件\1.jpg
最终效果	第5章\5.7.9\最终效果\1.psd

制作照片边框效果的具体操作如下：

① 打开本实例对应的素材文件 1.jpg，将前景色设置为白色，单击【创建新图层】按钮 ，新建图层。

② 选择【矩形工具】▢，在工具选项栏中设置如下图所示的选项。

③ 在图像中绘制如下图所示的矩形。

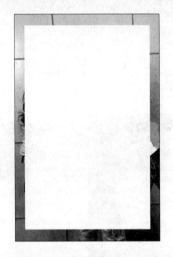

④ 在【图层】面板中单击【添加图层样式】按钮 𝑓𝑥，在弹出的菜单中选择【描边】菜单项。

⑤ 弹出【图层样式】对话框，从中设置如下图所示的参数，并将描边颜色设置为白色，然后单击 确定 按钮。

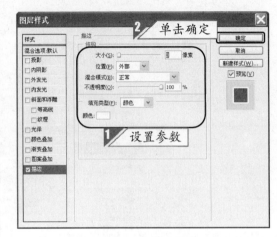

⑥ 在【图层】面板中设置如下图所示的参数。

⑦ 设置参数后得到如下图所示的效果。

⑧ 将前景色设置为白色，单击【创建新图层】按钮 ，新建图层。

⑨ 选择【自定形状工具】 ，在工具选项栏中设置如下图所示的选项。

⑩ 在图像中绘制如下图所示的线框效果。

⑪ 在【图层】面板中设置如下图所示的参数。

⑫ 设置完成后得到如下图所示的效果。

⑬ 选择【自定形状工具】 ，在工具选项栏中设置如下图所示的选项。

⑭ 将前景色设置为白色，单击【创建新图层】按钮 ，新建图层。

⑮ 在图像中绘制如下图所示的花样效果。

⑯ 按【Ctrl】+【T】组合键调整图像的大小及位置，调整合适后按【Enter】键确认操作。

⑰ 按【Ctrl】+【J】组合键复制图层。

⑱ 按【Ctrl】+【T】组合键调整其位置，效果如下图所示。

⑲ 将前景色设置为白色，选择【横排文字工具】T，在工具选项栏中设置合适的字体及字号。

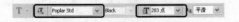

⑳ 在图像中输入如下图所示的文字，输入完成后单击【提交所有当前编辑】按钮✔确认操作。

㉑ 选择【图层】▷【图层样式】▷【投影】菜单项，在弹出的【图层样式】对话框中设置如下图所示的参数，然后单击　　确定　　按钮。

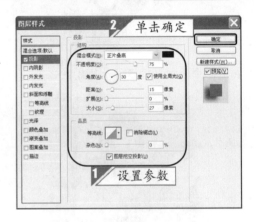

㉒ 参照上述方法输入其他文字，最终得到如下图所示的效果。

第6章

数码精彩特效

应用 Photoshop 软件不但可以对风景照片进行修饰处理，对人像照片进行美化处理，还可以对照片进行特效处理。本章主要介绍应用 Photoshop CS4 软件中的滤镜功能等制作各种特效的技巧。

关于本章知识，本书配套教学光盘中有相关的多媒体教学视频，请读者参看光盘【数码精彩特效】。

光盘链接

- 制作油画效果
- 制作动感效果
- 制作浮雕效果
- 制作老电影效果
- 制作拼图效果
- 制作剪影效果
- 制作晾晒照片效果

6.1 制作油画效果

本节主要介绍应用喷溅滤镜以及色彩调整命令等制作漂亮的油画效果。

▲ 素材文件与最终效果对比

本实例素材文件和最终效果所在位置如下。	
素材文件	第6章\6.1\素材文件\1.jpg
最终效果	第6章\6.1\最终效果\1.psd

制作油画效果的具体操作如下：

① 打开本实例对应的素材文件 1.jpg，按【Ctrl】+【J】组合键复制【背景】图层，得到【图层1】图层。

② 选择【滤镜】>【画笔描边】>【喷溅】菜单项，在弹出的【喷溅（50%）】对话框中设置如下图所示的参数，单击 确定 按钮。

③ 选择【滤镜】>【画笔描边】>【喷色描边】菜单项，在弹出的【喷色描边（50%）】对话框中设置如下图所示的参数，单击 确定 按钮。

④ 选择【滤镜】>【画笔描边】>【强化的边缘】菜单项，在弹出的【强化的边缘（50%）】对话框中设置如下图所示的参数，单击 确定 按钮。

⑥ 在【亮度/对比度】对应的面板中设置如下图所示的参数。

⑤ 单击【创建新的填充或调整图层】按钮 ⚫，在弹出的菜单中选择【亮度/对比度】菜单项。

⑦ 最终得到如下图所示的效果。

6.2 制作动感效果

本节主要介绍应用动感模糊滤镜以及图层蒙版等制作漂亮的动感效果。

▲ 素材文件与最终效果对比

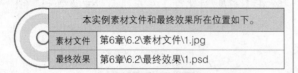

本实例素材文件和最终效果所在位置如下。	
素材文件	第6章\6.2\素材文件\1.jpg
最终效果	第6章\6.2\最终效果\1.psd

制作动感效果的具体操作如下：

① 打开本实例对应的素材文件 1.jpg，按【Ctrl】+【J】组合键复制【背景】图层，得到【图层1】图层。

② 选择【滤镜】▶【模糊】▶【动感模糊】菜单项，在弹出的【动感模糊】对话框中设置如下图所示的参数，单击 确定 按钮。

③ 在【图层】面板中的【填充】文本框中输入"70%"。

④ 设置完成后得到如下图所示的效果。

⑤ 单击【添加图层蒙版】按钮 ，为该图层添加图层蒙版。

⑥ 选择【画笔工具】 ，在工具选项栏中设置如下图所示的参数。

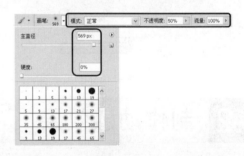

⑦ 在图像中涂抹昆虫及其临近部分的图像，最终得到如下图所示的效果。

6.3 制作浮雕效果

本节主要介绍应用基底凸现滤镜以及图层的一些功能制作漂亮的浮雕效果。

 素材文件与最终效果对比

本实例素材文件和最终效果所在位置如下。	
素材文件	第6章\6.3\素材文件\1.jpg
最终效果	第6章\6.3\最终效果\1.psd

制作浮雕效果的具体操作如下：

① 打开本实例对应的素材文件 1.jpg，按【Ctrl】+【J】组合键复制【背景】图层，得到【图层1】图层。

② 选择【滤镜】➤【素描】➤【基底凸现】菜单项，在弹出的【基底凸现】对话框中设置如下图所示的参数，然后单击 确定 按钮。

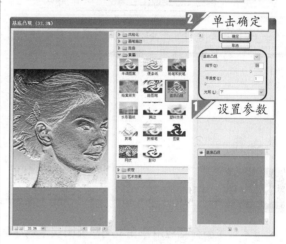

③ 单击【创建新的填充或调整图层】按钮 ，在弹出的菜单中选择【渐变】菜单项。

④ 弹出【渐变填充】对话框，在该对话框中选择如下图所示的选项并设置参数，然后单击 确定 按钮。

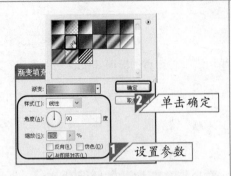

⑥ 最终得到如下图所示的效果。

⑤ 在【图层】面板中的【设置图层的混合模式】下拉列表中选择【颜色加深】选项。

6.4 制作老电影效果

本节主要介绍应用渐变填充以及图层蒙版等制作老电影效果。

▲ 素材文件与最终效果对比

本实例素材文件和最终效果所在位置如下。	
素材文件	第6章\6.4\素材文件\1.jpg
最终效果	第6章\6.4\最终效果\1.psd

制作老电影效果的具体操作如下：

① 打开本实例对应的素材文件 1.jpg，单击【创建新的填充或调整图层】按钮 ，在弹出的菜单中选择【色彩平衡】菜单项。

② 在【色彩平衡】对应的面板中设置如图所示的参数。

③ 将前景色设置为黑色，单击【创建新的填充或调整图层】按钮 ⊘，在弹出的菜单中选择【渐变】菜单项。

④ 弹出【渐变填充】对话框，在该对话框中选择如图所示的选项。

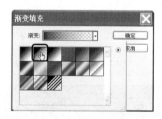

⑤ 在【渐变填充】对话框中设置如下图所示的参数，然后单击 确定 按钮。

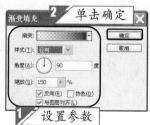

⑥ 在【图层】面板中的【填充】文本框中输入

"60%"。

⑦ 设置完成后得到如下图所示的效果。

⑧ 单击【图层】面板中的【创建新图层】按钮 ⊒，新建图层。

⑨ 打开【通道】面板，单击【创建新通道】按钮 ⊒，新建通道。

⑩ 选择【滤镜】▷【纹理】▷【颗粒】菜单项，在弹出的【颗粒（100%）】对话框中设置如下图所示的选项及参数，然后单击 确定 按钮。

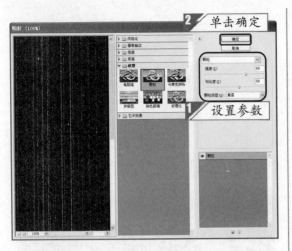

⑪ 按住【Ctrl】键单击【Alpha1】通道的图层缩
览图，将部分图像载入选区。

⑫ 打开【图层】面板，选择【图层1】图层。

⑬ 将前景色设置为黑色，按【Alt】+【Delete】
组合键填充选区，按【Ctrl】+【D】组合键取
消选区。

⑭ 在【图层】面板中的【填充】文本框中输入
"60%"。

⑮ 单击【添加图层蒙版】按钮 ，为该图层添
加图层蒙版。

⑯ 选择【画笔工具】 ，在工具选项栏中设置
如图所示的参数。

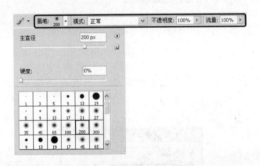

⑰ 涂抹人物面部的图像区域，隐藏部分线条。

⑱ 将前景色设置为白色，选择【横排文字工具】
　　T，在工具选项栏中的【设置字体系列】下
　　拉列表中选择合适的字体，在【设置字体大小】
　　下拉列表中选择合适的字号。

⑲ 在图像中输入如下图所示的文字，输入完成后
　　单击工具选项栏中的【提交所有当前编辑】按
　　钮✔，确认操作。

⑳ 在【图层】面板中的【填充】文本框中输入
　　"78%"。

㉑ 参照上述方法在图像中输入其他文字，最终得
　　到如下图所示的效果。

6.5　制作拼图效果

本节主要介绍应用渐变填充以及图层蒙版等制作拼图效果。

▲　素材文件与最终效果对比

本实例素材文件和最终效果所在位置如下。

素材文件	第6章\6.5\素材文件\1.jpg
最终效果	第6章\6.5\最终效果\1.psd

制作拼图效果的具体操作如下：

① 打开本实例对应的素材文件 1.jpg，选择【矩形工具】，在工具选项栏中设置如下图所示的选项。

② 单击工具选项栏【样式】后的·按钮，打开【样式】面板，从中选择如下图所示的选项。

③ 在图像中绘制如下图所示的形状。

④ 在【图层】面板中的【填充】文本框中输入"0%"。

⑤ 将前景色设置为黑色，单击【创建新的填充或调整图层】按钮，在弹出的菜单中选择【渐变】菜单项。

⑥ 弹出【渐变填充】对话框，在对话框中设置如下图所示的参数，然后单击　　确定　　按钮。

⑦ 在【图层】面板中的【填充】文本框中输入"35%"。

⑧ 将前景色设置为黑色，单击【创建新的填充或调整图层】按钮，在弹出的菜单中选择【色彩平衡】菜单项。

⑨ 在【色彩平衡】对应的面板中设置如下图所示的参数。

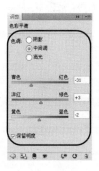

⑩ 最终得到如下图所示的效果。

6.6　制作剪影效果

本节主要介绍应用渐变填充功能以及滤镜等制作剪影效果。

▲　素材文件与最终效果对比

本实例素材文件和最终效果所在位置如下。	
素材文件	第6章\6.6\素材文件\1.jpg
最终效果	第6章\6.6\最终效果\1.psd

制作剪影效果的具体操作如下：

① 打开本实例对应的素材文件 1.jpg，打开【调整】面板，单击【阈值】图标，在【阈值】对应的面板中设置如下图所示的参数。

② 执行【阈值】命令后得到如下图所示的效果。

③ 按【Ctrl】+【Alt】+【Shift】+【E】组合键盖印图层，得到【图层 1】图层。

④ 单击【创建新图层】按钮 ⬛，新建图层。

⑤ 选择【自定形状工具】🔲，在工具选项栏中设置如下图所示的选项及参数。

⑥ 在图像中绘制如下图所示的蝴蝶群组效果。

⑦ 按【Ctrl】+【E】组合键向下合并图层。

⑧ 选择【选择】▷【色彩范围】菜单项，弹出【色彩范围】对话框，在该对话框中选择【吸管工具】🖋，在图像中的白色区域单击吸取颜色，然后设置如下图所示的参数，单击 确定 按钮。

⑨ 按【Delete】键删除选区内的白色图像，按【Ctrl】+【D】组合键取消选区。

⑩ 选择【滤镜】▷【杂色】▷【添加杂色】菜单项，在弹出的【添加杂色】对话框中设置如下图所示的参数，然后单击 确定 按钮。

⑪ 选择【滤镜】▷【纹理】▷【龟裂缝】菜单项，在弹出的【龟裂缝】对话框中设置如下图所示的参数，然后单击 确定 按钮。

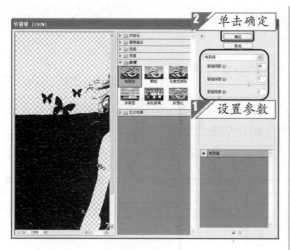

⑫ 单击【设置前景色】图标，在弹出的【拾色器（前景色）】对话框中设置如下图所示的参数，然后单击 ▢确定▢ 按钮。

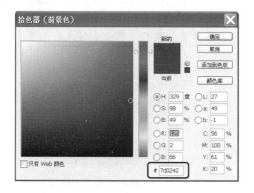

⑬ 单击【设置背景色】图标，在弹出的【拾色器（背景色）】对话框中设置如下图所示的参数，然后单击 ▢确定▢ 按钮。

⑭ 单击【创建新的填充或调整图层】按钮 ▢ ，在弹出的菜单中选择【渐变】菜单项。

⑮ 在弹出的【渐变填充】对话框中设置如下图所示的参数，然后单击 ▢确定▢ 按钮。

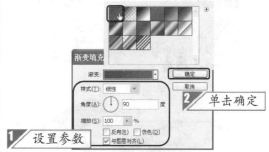

⑯ 按【Ctrl】+【Alt】+【G】组合键将【渐变填充 1】图层嵌入到下一图层中，在【设置图层的混合模式】下拉列表中选择【强光】选项。

⑰ 最终得到如下图所示的效果。

6.7 制作晾晒照片效果

本节主要介绍应用路径功能以及图层嵌入命令等制作晾晒照片的效果。

▲ 素材文件与最终效果对比

本实例素材文件、原始文件和最终效果所在位置如下。	
素材文件	第6章\6.7\素材文件\1.jpg~6.jpg
原始文件	第6章\6.7\原始文件\1.psd
最终效果	第6章\6.7\最终效果\1.psd

1. 构图设计

① 打开本实例对应的原始文件 1.psd。

② 选择【钢笔工具】 ，在工具选项栏中单击

【路径】按钮 ，在图像中绘制如下图所示的闭合路径。

③ 选择【背景】图层，单击【创建新图层】按钮 ，新建图层。

④ 将前景色设置为黑色，按【Ctrl】+【Enter】组合键将闭合路径转换为选区，按【Alt】+【Delete】组合键填充选区。

⑤ 按【Ctrl】+【D】组合键取消选区，选择【钢

笔工具】  ，在图像中绘制如下图所示的闭合路径。

笔工具】，在图像中绘制如下图所示的闭合路径。

⑥ 选择【背景】图层，单击【创建新图层】按钮 ，新建图层。

⑩ 按【Ctrl】+【Enter】组合键将闭合路径转换为选区。

⑦ 将前景色设置为白色，按【Ctrl】+【Enter】组合键将闭合路径转换为选区，按【Alt】+【Delete】组合键填充选区。

⑪ 按【Shift】+【F6】组合键，在弹出的【羽化选区】对话框中设置如下图所示的参数，然后单击 确定 按钮。

⑧ 选择【背景】图层，单击【创建新图层】按钮 ，新建图层。

⑫ 将前景色设置为黑色，按【Alt】+【Delete】组合键填充选区。

⑨ 按【Ctrl】+【D】组合键取消选区，选择【钢

⑬ 按【Ctrl】+【D】组合键取消选区，在【图层】面板中的【填充】文本框中输入"70%"。

2. 细节设计

① 打开本实例对应的素材文件 1.jpg。

② 选择【移动工具】，将素材文件 1.jpg 中的图像拖动到 1.psd 文件中，并将该照片图层移至【图层 1】图层的上方。

③ 按【Ctrl】+【Alt】+【G】组合键将照片图层嵌入到【图层 1】图层中。

④ 按【Ctrl】+【T】组合键调整照片的大小及角度，在照片上单击鼠标右键，在弹出的快捷菜单中选择【变形】菜单项。

⑤ 调整照片的扭曲样式，调整合适后按【Enter】键确认操作。

⑥ 打开本实例对应的素材文件 2.jpg。

⑦ 选择【移动工具】🕂，将素材文件 2.jpg 中的图像拖动到 1.psd 文件中。

⑧ 单击【添加图层蒙版】按钮 ▢，为该图层添加图层蒙版。

⑨ 选择【画笔工具】 ✐，在工具选项栏中设置如下图所示的参数。

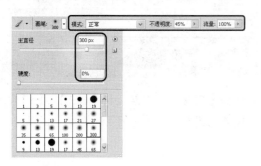

⑩ 涂抹照片位置的图像，显示下一图层中的照片图像。

⑪ 在【图层】面板中的【设置图层的混合模式】下拉列表中选择【正片叠底】选项，得到如下图所示的效果。

⑫ 选择【绳子】图层，单击【创建新图层】按钮 ▢，新建图层。

⑬ 选择【钢笔工具】 ⚲，在图像中绘制如下图所示的闭合路径。

⑭ 将前景色设置为 "f3f2f2" 号色，按【Ctrl】+【Enter】组合键将闭合路径转换为选区，按【Alt】+【Delete】组合键填充选区。

⑰ 选择【移动工具】，将素材文件 3.jpg 中的图像拖动到 1.psd 文件中，并调整照片的大小及角度。

⑮ 按【Ctrl】+【D】组合键取消选区，参照上述方法再绘制一个相似的黑色方形。

⑱ 按【Ctrl】+【Alt】+【G】组合键将照片嵌入到下一图层中。

⑯ 打开本实例对应的素材文件 3.jpg。

⑲ 选择【图层 5】图层，按【Ctrl】+【J】组合键复制图层，得到【图层 5 副本】图层。

20 按住【Ctrl】键单击【图层5副本】图层的图层缩览图，将该图层中的图像载入选区。

21 将前景色设置为黑色，按【Alt】+【Delete】组合键填充选区，按【Ctrl】+【D】组合键取消选区，并将该图层移至【图层5】图层的下方。

22 按【Ctrl】+【T】组合键调整【图层5副本】图层中图像的大小及位置，得到如下图所示的效果。

23 选择【滤镜】▷【模糊】▷【高斯模糊】菜单项，在弹出的【高斯模糊】对话框中设置如下图所示的参数，然后单击 确定 按钮。

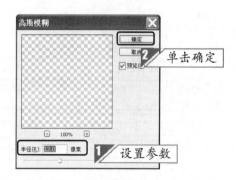

24 在【图层】面板中的【填充】文本框中输入"33%"，得到如下图所示的效果。

25 参照上述方法，编辑其他素材照片，并添加上阴影效果。

3. 装饰设计

1 在【图层】面板中选中【绳子】图层，按【Ctrl】+【J】组合键复制图层，得到【绳子副本】图层，并将该图层移至【绳子】图层的下方。

② 按住【Ctrl】键单击【绳子副本】图层的图层缩览图，将该图层中的图像载入选区。

③ 将前景色设置为黑色，按【Alt】+【Delete】组合键填充图像，按【Ctrl】+【D】组合键取消选区，使用【移动工具】移动阴影的位置。

④ 选择【滤镜】▷【模糊】▷【高斯模糊】菜单项，在弹出的【高斯模糊】对话框中设置如下图所示的参数，然后单击 确定 按钮。

⑤ 在【图层】面板中的【填充】文本框中输入"50%"。

⑥ 参照上述方法制作【夹子】图层中的图像的阴影，并将【夹子副本】图层移至【绳子副本】图层的下方，得到如下图所示的效果。

⑦ 选择【翅膀】图层，单击【添加图层样式】按钮 fx., 在弹出的菜单中选择【投影】菜单项。

⑧ 在弹出的【图层样式】对话框中设置如下图所示的参数，然后单击 确定 按钮。

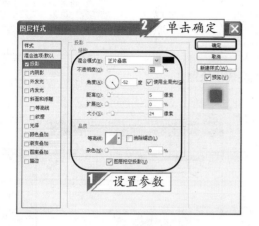

⑬ 添加图层样式后得到如下图所示的文字效果。

⑨ 将前景色设置为白色，选择【横排文字工具】
　 T，在工具选项栏中设置适当的字体及字号。

⑩ 在图像中输入如下图所示的文字。

⑭ 参照上述方法输入其他文字，最终得到如下图
　 所示的效果。

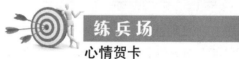

练兵场

心情贺卡

⑪ 选择【翅膀】图层，单击鼠标右键，在弹出的
　 快捷菜单中选择【拷贝图层样式】菜单项。

　　按照 6.7 节介绍的方法，应用图层样式和选
区等功能制作贺卡，操作过程可参见配套光盘\练
兵场\心情贺卡。

⑫ 选中【一生一世】文字图层，单击鼠标右键，
　 在弹出的快捷菜单中选择【粘贴图层样式】菜
　 单项。

▲ 原始文件与最终效果对比

6.8　制作手绘照片

本节主要介绍使用钢笔工具以及路径功能等制作漂亮的手绘照片。

▲　素材文件与最终效果对比

本实例素材文件和最终效果所在位置如下。	
素材文件	第6章\6.8\素材文件\1.jpg
最终效果	第6章\6.8\最终效果\1.psd

1.　制作手绘的底色

① 打开本实例对应的素材文件 1.jpg，按【Ctrl】
＋【J】组合键复制【背景】图层，得到【图层
1】图层。

② 选择【选择】➤【色彩范围】菜单项，弹出【色
彩范围】对话框，从中选择【吸管工具】 ，
然后在人物面部皮肤上单击，调整【颜色容差】
的参数值，如下图所示，然后单击 确定
按钮。

③ 创建选区后得到如下图所示的效果。

④ 在【图层】面板中单击【添加图层蒙版】按钮
，为【图层 1】图层添加图层蒙版。

⑤ 单击【图层 1】图层的图层缩览图，选择【图
　层 1】图层上的图像进行操作。

⑥ 选择【滤镜】▷【模糊】▷【高斯模糊】菜单
　项，弹出【高斯模糊】对话框，在该对话框中
　各参数的设置如下图所示，然后单击
　　确定　按钮。

⑦ 模糊后得到如下图所示的效果。

⑧ 选择【图层 1】图层的图层蒙版缩览图。

⑨ 将前景色设置为黑色，背景色设置为白色，选
　择【橡皮擦工具】，工具选项栏中各参数
　的设置如下图所示。

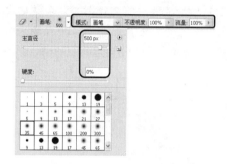

⑩ 使用【橡皮擦工具】将图像中人物的头发
　和皮肤部分涂抹出来，得到的图像效果如下图
　所示。

⑪ 选择【减淡工具】，工具选项栏中各参数
　的设置如下图所示。

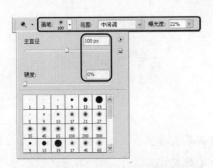

③ 使用【钢笔工具】，沿人物的眼珠绘制路径。

⑫ 按【 [】或【] 】键可以缩小或者放大【减淡工具】的直径，将直径调整到合适的大小后使用【减淡工具】将图像中人物皮肤暗部减淡，得到的图像效果如下图所示。

④ 闭合路径后，按【Ctrl】+【Enter】组合键将路径转换为选区。

2. 绘制眼睛

① 按【Shift】+【Ctrl】+【Alt】+【E】组合键盖印图层，得到【图层2】图层。

② 选择【钢笔工具】，工具选项栏中各参数的设置如下图所示。

⑤ 选择【加深工具】，工具选项栏中各参数的设置如下图所示。

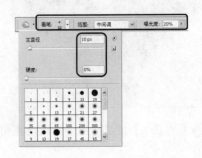

⑥ 按【[】键或【]】键可以缩小或者放大【加深工具】✍的直径，将直径调整到合适的大小后使用【加深工具】✍将人物眼珠变暗，然后按【Ctrl】+【D】组合键取消选区，得到的图像效果如下图所示。

⑦ 单击【创建新图层】按钮 ◻，新建【图层3】图层。

⑧ 将前景色设置为白色，选择【画笔工具】✍，工具选项栏中各参数的设置如下图所示。

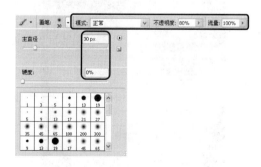

⑨ 使用【画笔工具】✍在人物眼珠上绘制高光。

⑩ 单击【创建新图层】按钮 ◻，新建【图层4】图层。

⑪ 选择【钢笔工具】✍，沿人物的上眼睑绘制如下图所示的路径。

⑫ 将前景色设置为黑色，选择【画笔工具】✍，工具选项栏中各参数的设置如下图所示。

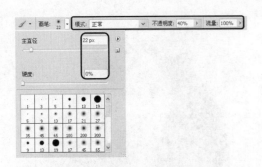

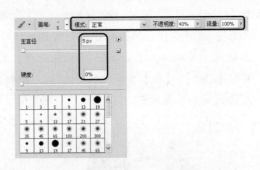

13 打开【路径】面板，选择【工作路径】路径，然后在按住【Alt】键的同时单击【用画笔描边路径】按钮 ⊙ 。

14 弹出【描边路径】对话框，对话框中各参数的设置如下图所示，然后单击　确定　按钮。

15 单击【路径】面板的空白处隐藏路径，得到的图像效果如下图所示。

16 选择【画笔工具】 ∕ ，工具选项栏中各参数的设置如下图所示。

17 选择【钢笔工具】 ∅ ，沿人物的下眼睑绘制如下图所示的路径。

18 参照13～15的操作步骤为路径描边，得到的图像效果如下图所示。

⑲ 将前景色设置为白色，选择【画笔工具】 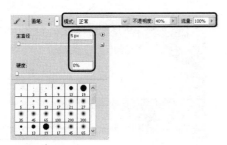，
工具选项栏中各参数的设置如下图所示。

⑳ 选择【钢笔工具】 ，沿人物下眼睑黑色曲
线下方绘制如下图所示的路径。

㉑ 参照前面的方法描边路径，得到的图像效果如
下图所示。

㉒ 用相同的方法绘制上眼睑高光，得到的图像效
果如下图所示。

㉓ 将前景色设置为黑色，使用【钢笔工具】 绘
制双眼皮路径，然后描边路径，得到的图像效
果如下图所示。

㉔ 选择【画笔工具】 ，工具选项栏中画笔各
参数的设置如下图所示。

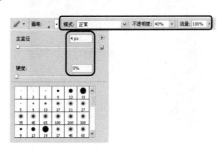

㉕ 参照前面的方法使用【钢笔工具】 ✑ 绘制上睫毛，然后描边路径，得到的图像效果如下图所示。

㉖ 选择【画笔工具】 ✑ ，工具选项栏中画笔各参数的设置如下图所示。

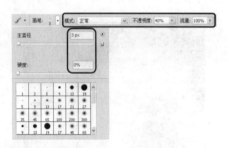

㉗ 参照前面的方法使用【钢笔工具】 ✑ 绘制下睫毛，然后描边路径，得到的图像效果如下图所示。

㉘ 参照左眼的绘制方法再绘制右眼，得到的图像效果如下图所示。

3. 嘴唇的绘制

① 在【图层】面板中选择【图层 2】图层。

② 选择【钢笔工具】 ✑ ，沿人物嘴唇绘制路径，如下图所示。

③ 闭合路径后，按【Ctrl】+【Enter】组合键将

路径转换为选区。

④ 选择【加深工具】🖐，按【[】键或【]】键分别缩小或者放大【加深工具】🖐的直径，将直径调整到合适大小后，使用【加深工具】🖐将人物嘴唇边缘变暗，然后按【Ctrl】+【D】组合键取消选区，得到的图像效果如下图所示。

⑤ 将前景色设置为 "8a403e" 号色，单击【创建新图层】按钮 🖼，新建【图层 5】图层。

⑥ 选择【钢笔工具】🖋绘制下唇线的路径。

⑦ 打开【路径】面板，选择【工作路径】路径，然后在按住【Alt】键的同时单击【用画笔描边路径】按钮 ◯。

⑧ 弹出【描边路径】对话框，对话框中各选项的设置如下图所示，然后单击 确定 按钮。

⑨ 单击【路径】面板的空白处隐藏路径，得到的图像效果如下图所示。

⑩ 参照前面的方法绘制上唇线，如下图所示。

⑪ 选择【橡皮擦工具】，工具选项栏中各参数的设置如下图所示。

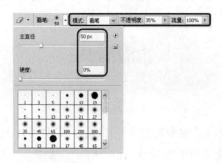

⑫ 使用【橡皮擦工具】将部分唇线擦除，图像效果如下图所示。

⑬ 在【设置图层的混合模式】下拉列表中选择【亮光】选项。

4. 绘制头发

① 选择【图层2】图层，使用【减淡工具】将图像中人物头发的高光部分擦出，得到的图像效果如下图所示。

② 将前景色设置为黑色，选择【画笔工具】，工具选项栏中画笔各参数的设置如下图所示。

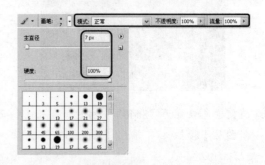

③ 使用【钢笔工具】沿头发走向绘制发丝路径，如下图所示。

④ 单击【创建新图层】按钮 ，新建【图层 6】
图层。

⑤ 打开【路径】面板，选择【工作路径】路径，
然后在按住【Alt】键的同时单击【用画笔描
边路径】按钮 。

⑥ 弹出【描边路径】对话框，对话框中各参数的
设置如下图所示，然后单击 确定 按钮。

⑦ 单击【路径】面板的空白处隐藏路径，得到的
图像效果如下图所示。

⑧ 使用相同的方法继续绘制发丝，得到的图像效
果如下图所示。

5.　整体修饰

① 将前景色设置为"a96c49"号色，选择【画笔
工具】 ，工具选项栏中画笔各参数的设置
如下图所示。

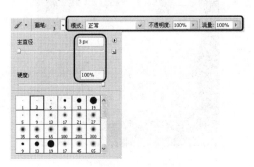

② 选择【钢笔工具】👆，沿人物面部边缘绘制如下图所示的路径。

③ 打开【路径】面板，选择【工作路径】路径，然后在按住【Alt】键的同时单击【用画笔描边路径】按钮 ◯ 。

④ 弹出【描边路径】对话框，对话框中各参数的设置如下图所示，然后单击 确定 按钮。

⑤ 单击【路径】面板的空白处隐藏路径，得到的图像效果如下图所示。

⑥ 参照 ① ~ ⑤ 的操作步骤将胳膊边缘描边，得到的图像效果如下图所示。

⑦ 选择【钢笔工具】👆，沿人物鼻子底部边缘绘制如下图所示的路径。

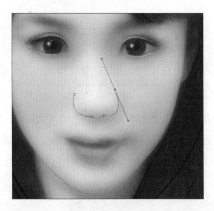

⑧ 参照 ③ ~ ⑤ 的操作步骤描边路径，得到的图像效果如下图所示。

⑨ 选择【橡皮擦工具】，工具选项栏中各参数的设置如下图所示。

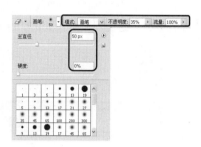

⑩ 使用【橡皮擦工具】将线条减淡，图像效果如下图所示。

⑪ 将前景色设置为白色，选择【横排文字工具】，工具选项栏中各参数的设置如下图所示。

⑫ 在图像上输入文字"Angel"，然后使用【移动工具】调整文字位置，得到的图像效果如下图所示。

⑬ 在【图层】面板中选择最顶端的图层。

⑭ 单击【创建新的填充或调整图层】按钮，在弹出的菜单中选择【色彩平衡】菜单项。

⑮ 在打开的【色彩平衡】对应的面板中各参数的设置如下图所示。

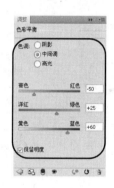

⑯ 最终得到如下图所示的效果。

227

6.9　制作水波效果

本节利用一张普通的照片来制作水中倒影的效果，通过这个实例介绍使用 Photoshop CS4 处理数码照片的基本技巧。

▲　素材文件与最终效果对比

本实例素材文件和最终效果所在位置如下。	
素材文件	第6章\6.9\素材文件\1.jpg
最终效果	第6章\6.9\最终效果\1.psd

1.　裁剪照片

① 打开本实例对应的素材文件 1.jpg，在工具箱中选择【裁剪工具】█，在图像左上角处单击并按住鼠标左键不放，然后向右下角拖动，选取裁剪的范围。

② 调整定界框，达到满意的效果后按【Enter】键进行裁剪。

2.　调整画布大小

① 按【Ctrl】+【J】组合键复制【背景】图层得到【图层 1】图层。

② 选择【背景】图层，然后选择【图像】➤【画布大小】菜单项。

③ 弹出【画布大小】对话框，在【高度】文本框中输入"25"，在【定位】选项组中单击下方中间的区域时，画布的扩展区域会出现在上方。

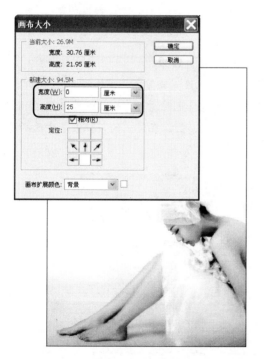

④ 当在【定位】选项组中单击上方中间的区域时，画布的扩展区域会出现在下方。本实例要为照片添加水中倒影效果，所以将画布的扩展区域设置在图像的下方，设置完成后单击 确定 按钮。

⑤ 扩展画布后得到如下图所示的效果。

3. 翻转图像和调整图像的大小

① 打开【图层】面板，选择【图层1】图层。

② 选择【编辑】➤【变换】➤【垂直翻转】菜单项，将图像垂直翻转，得到如下图所示的效果。

③ 选择【移动工具】➕，调整【图层1】的图像到合适的位置。

④ 按【Ctrl】+【T】组合键调整图像，使其高度缩小，图像效果如下图所示。

⑤ 调整完毕后按【Enter】键确认操作，得到的图像效果如下图所示。

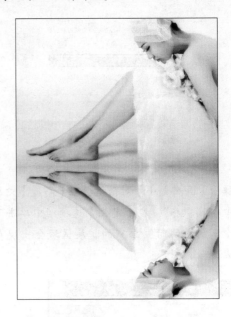

4. 制作水面效果

① 将前景色设置为黑色，背景色设置为白色。单击【图层】面板中的【创建新的填充或调整图层】按钮 ⬤，在弹出的下拉菜单中选择【渐变】菜单项。

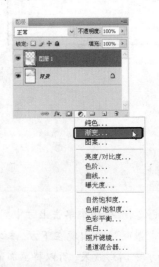

② 弹出【渐变填充】对话框，在其中选择【前景色到透明渐变】渐变样式。

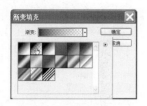

③ 在该对话框中继续设置如下图所示的参数，然后单击 确定 按钮。

④ 按【Ctrl】+【Alt】+【G】组合键，将渐变调整图层嵌入到下一图层中。

⑤ 在【填充】文本框中输入"60%"，得到如下图所示的效果。

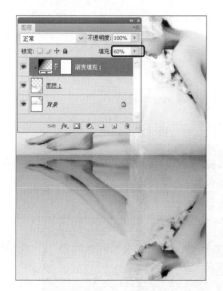

⑥ 单击【渐变填充 1】图层的图层蒙版缩览图，选择【渐变填充 1】图层的图层蒙版。

⑦ 将前景色设置为黑色，背景色设置为白色。选择【渐变工具】 ，在工具选项栏中选择【前景色到透明渐变】渐变样式。

⑧ 按住【Shift】键的同时，在距【图层 1】图像上边缘的一段距离处单击鼠标左键并按住鼠标左键不放，向下拖动进行渐变填充。

⑨ 选择【图层 1】图层，选择【图像】▷【调整】▷【亮度/对比度】菜单项，在【亮度/对比度】对话框中将【亮度】调整为"－4"，然后单击 确定 按钮。

⑩ 在工具箱中选择【矩形选框工具】，在工具选项栏中设置如下图所示的参数。

⑪ 在图像上单击鼠标左键，并按住鼠标左键不放进行拖动，绘制一个矩形选区。

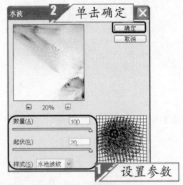

⑬ 按【Ctrl】+【D】组合键取消选区，即可得到图像的最终效果。

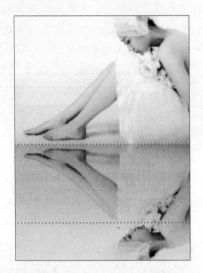

⑫ 选择【滤镜】▷【扭曲】▷【水波】菜单项，弹出【水波】对话框，对话框中各参数的设置如下图所示，设置完毕后单击 [确定] 按钮。

6.10 制作水晶吊坠

本节主要介绍应用形状路径工具以及渐变填充功能等制作精致的水晶吊坠。

▲ 素材文件与最终效果对比

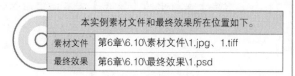

本实例素材文件和最终效果所在位置如下。	
素材文件	第6章\6.10\素材文件\1.jpg、1.tiff
最终效果	第6章\6.10\最终效果\1.psd

1. 背景设计

① 按【Ctrl】+【N】组合键，弹出【新建】对话框，在该对话框中设置如下图所示的参数，然后单击　确定　按钮。

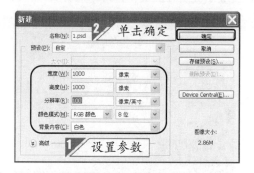

② 将前景色设置为黑色，按【Alt】+【Delete】组合键填充图像，单击【创建新图层】按钮，新建图层。

③ 单击【设置前景色】图标，弹出【拾色器（前景色）】对话框，从中设置如下图所示的参数，然后单击　确定　按钮。

④ 选择【矩形工具】，在工具选项栏中设置如下图所示的选项。

⑤ 在图像中绘制如下图所示的矩形。

⑥ 打开本实例对应的素材文件 1.tiff。

⑦ 选择【移动工具】，将【纹理】图层中的图像拖动到文件 1.psd 中。

⑧ 按【Ctrl】+【Alt】+【G】组合键，将纹理嵌入到下一图层中。

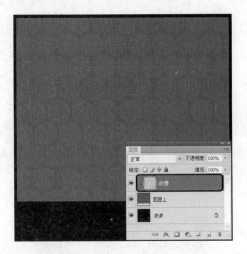

⑨ 将前景色设置为黑色，单击【创建新的填充或调整图层】按钮 ，在弹出的菜单中选择【渐变】菜单项。

⑩ 在弹出的【渐变填充】对话框中设置如下图所示的参数及选项，然后单击 确定 按钮。

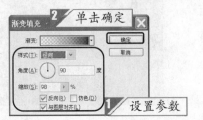

⑪ 在【图层】面板中的【填充】文本框中输入"62%"。

⑫ 设置参数后得到如下图所示的效果。

⑬ 选择【背景】图层，单击【创建新图层】按钮 ，新建图层。

⑭ 将前景色设置为"b8b8b8"号色，选择【矩形工具】 ，在图像中绘制如下图所示的线条。

⑮ 单击【添加图层蒙版】按钮 ，为该图层添加图层蒙版。

⑯ 将前景色设置为黑色，选择【渐变工具】，在工具选项栏中设置如下图所示的选项。

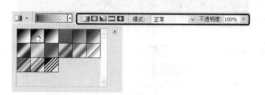

⑰ 在图像中先由左向中心水平拖动鼠标填充渐变，再由右向中心水平拖动鼠标填充渐变。

⑱ 在工具选项栏中重新设置【渐变工具】的选项。

⑲ 在图像中由线条的中心向两边拖动鼠标，添加渐变效果。

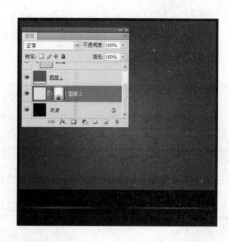

2. 水晶按钮设计

① 将前景色设置为白色，选择【渐变填充1】图层，单击【创建新图层】按钮，新建图层。

② 选择【自定形状工具】，在工具选项栏中设置如下图所示的选项。

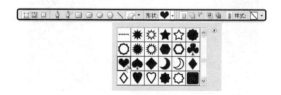

③ 在图像中绘制如下图所示的心形样式。

④ 按【Ctrl】+【T】组合键调出调整控制框，将鼠标指针移至控制框的角点位置，按住鼠标左键灵活拖动，旋转图像的角度。

⑤ 调整合适后按【Enter】键确认操作。

⑥ 在【设置图层的混合模式】下拉列表中选择【叠加】选项，在【填充】文本框中输入"65%"。

⑦ 设置完成后得到如下图所示的效果。

⑧ 单击【添加图层样式】按钮 fx.，在弹出的菜单中选择【投影】菜单项。

⑨ 在弹出的【图层样式】对话框中设置如下图所示的参数。

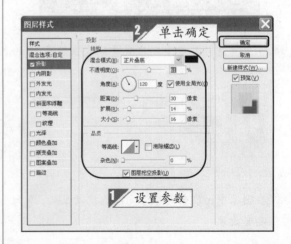

⑩ 选择【内阴影】选项，设置如下图所示的参数，然后单击 确定 按钮。

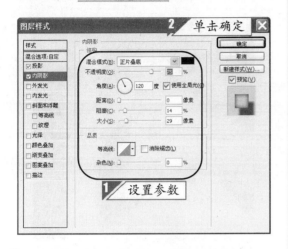

⑪ 设置图层样式后得到如下图所示的效果。

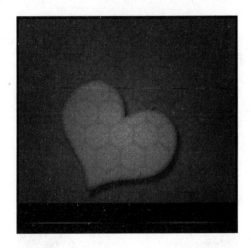

⑫ 单击【添加图层样式】按钮 fx，在弹出的菜单中选择【渐变叠加】菜单项。

⑬ 在弹出的【图层样式】对话框中单击【渐变】颜色条 。

⑭ 在弹出的【渐变编辑器】对话框中设置如下图所示的参数，然后单击 确定 按钮。

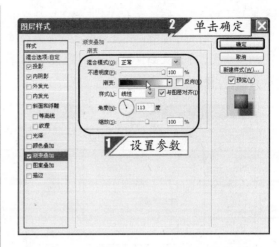

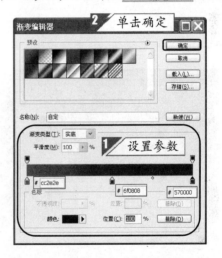

⑮ 在【图层样式】对话框中设置如下图所示的参数，然后单击 确定 按钮。

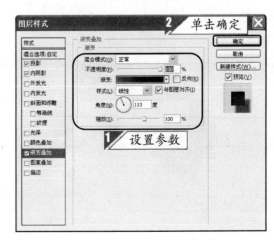

⑯ 选择【描边】选项，在【填充类型】下拉列表中选择【渐变】选项，将渐变颜色设置为由黑到白渐变，并设置如下图所示的参数，然后单击 确定 按钮。

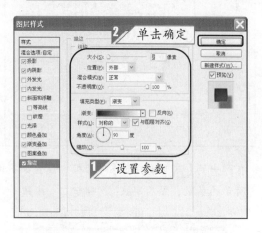

⑰ 添加图层样式后得到如下图所示的效果。

3. 添加图片

① 打开本实例对应的素材文件 1.jpg。

② 选择【移动工具】，将照片拖动到文件 1.psd 中。

③ 按【Ctrl】+【T】组合键调出调整控制框，按住【Shift】键调整照片的大小及位置，并适当旋转其角度，调整合适后按【Enter】键确认操作。

④ 按住【Ctrl】键单击【形状 1】图层的矢量蒙版缩览图。

⑤ 在图像中将【形状 1】图像载入选区，并选中

【图层 4】图层。

⑥ 单击【添加图层蒙版】按钮 ▣，为【图层 4】
图层添加图层蒙版。

⑦ 在【设置图层的混合模式】下拉列表中选择【柔光】选项。

⑧ 设置混合模式后得到如下图所示的效果。

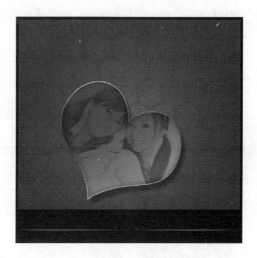

⑨ 单击【创建新图层】按钮 ▫，新建图层。

⑩ 选中【图层 5】图层，按住【Ctrl】键单击【图层 4】图层的图层蒙版缩览图。

⑪ 在图像中创建选区，得到如下图所示的效果。

⑫ 选择【选择】➤【修改】➤【收缩】菜单项，在弹出的【收缩选区】对话框中设置如下图所示的参数，然后单击 确定 按钮。

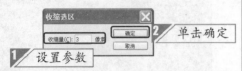

⑬ 将前景色设置为白色，选择【渐变工具】 ，在工具选项栏中设置如下图所示的选项。

⑭ 从选区的左上方向右下方拖动鼠标，添加渐变效果，按【Ctrl】+【D】组合键取消选区。

⑮ 选择【钢笔工具】 ，在工具选项栏中设置如下图所示的选项。

⑯ 在图像中绘制如下图所示的闭合路径。

⑰ 按【Ctrl】+【Enter】组合键将路径转换为选区。

⑱ 按【Delete】键删除选区内的图像，得到如下图所示的效果。

⑲ 按【Ctrl】+【D】组合键取消选区，单击【添加图层蒙版】按钮 ，为该图层添加图层蒙版。

⑳ 将前景色设置为黑色，选择【渐变工具】 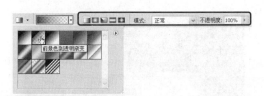，在工具选项栏中设置如下图所示的选项。

㉑ 在图像中从右下方向左上方拖动鼠标，添加渐变效果。

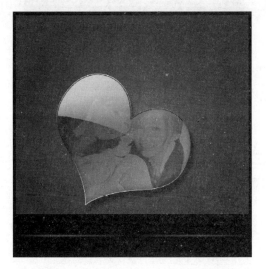

㉒ 按住【Ctrl】键在【图层】面板中分别单击【图层4】图层、【图层5】图层和【形状1】图层，将其选中。

㉓ 按住鼠标左键不放，将选中的3个图层拖动到【创建新图层】按钮 上并释放鼠标。

㉔ 得到该组图层的副本图层。

㉕ 按【Ctrl】+【T】组合键调出调整控制框，按住【Shift】键调整图像的大小，并调整其位置及角度，调整合适后按【Enter】键确认操作。

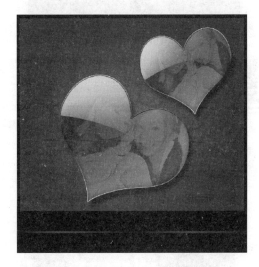

㉖ 将前景色设置为白色，选择【横排文字工具】 ，在工具选项栏中的【设置字体系列】下拉列表中选择合适的字体，在【设置字体大小】下拉列表中选择合适的字号。

㉗ 在【图层】面板中选择【图层2】图层。

㉘ 使用【横排文字工具】 T.在图像中输入如下图所示的文字，输入完成后单击工具选项栏中的【提交所有当前编辑】按钮 ✓，确认操作。

㉙ 参照上述方法输入其他文字，最终得到如下图所示的效果。

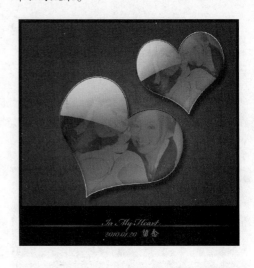

6.11 魔幻水晶球

本节主要介绍应用 Photoshop CS4 新增的 3D 功能等制作漂亮的魔幻水晶球。

▲ 素材文件与最终效果对比

本实例素材文件和最终效果所在位置如下。	
素材文件	第6章\6.11\素材文件\1.jpg~3.jpg
最终效果	第6章\6.11\最终效果\1.psd

1. 构图设计

① 打开本实例对应的素材文件 1.jpg 和 2.jpg，选择【移动工具】 ，将素材文件 2.jpg 中的图像拖动到素材文件 1.jpg 中。

② 按【Ctrl】+【J】组合键复制图层，得到【图层 1 副本】图层。

③ 选择【选择】▶【色彩范围】菜单项。

④ 在弹出的【色彩范围】对话框中选择【吸管工具】 ，在图像中人物背景处单击鼠标左键，吸取颜色。

⑤ 在【色彩范围】对话框中设置如下图所示的参数，然后单击 确定 按钮。

⑥ 将人物照片背景图像载入选区后得到如下图所示的效果。

⑦ 按【Ctrl】+【Shift】+【I】组合键反选选区。

⑧ 将前景色设置为黑色，单击【添加图层蒙版】按钮 ，将选区以外的图像隐藏。

⑨ 单击【图层1】图层前的 图标将其隐藏，得到如下图所示的效果。

⑩ 选择并显示【图层1】图层，在【设置图层的混合模式】下拉列表中选择【滤色】选项。

⑪ 单击【图层1副本】图层的图层蒙版缩览图，启用图层蒙版。

⑫ 将前景色设置为白色，选择【画笔工具】 ，在工具选项栏中设置如下图所示的参数。

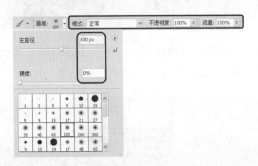

⑬ 按【[】键和【]】键调整笔触直径的大小，涂抹并显示人物的缺失部分。

⑭ 将前景色设置为黑色，选择【画笔工具】 ，在工具选项栏中设置如下图所示的参数。

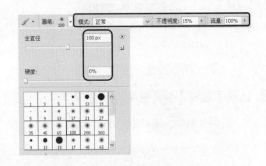

⑮ 选择【图层1】图层，单击【添加图层蒙版】按钮 ，为该图层添加图层蒙版。

⑯ 按【[】键和【]】键调整笔触直径的大小，涂抹人物左下角裙摆的图像部分。

2. 应用3D功能制作球体

① 选择【图层1副本】图层，单击【创建新图层】按钮 ，新建图层。

② 单击【设置前景色】图标，在弹出的【拾色器（前景色）】对话框中设置如下图所示的参数，然后单击 确定 按钮。

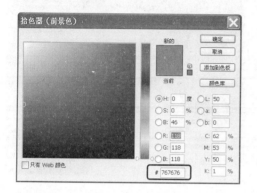

③ 按【Alt】+【Delete】组合键填充图像。

④ 选择【3D】▶【从图层新建形状】▶【球体】菜单项。

⑤ 渲染出球体后得到如下图所示的效果。

⑥ 选择【窗口】▶【3D】菜单项，打开【3D】面板。

⑦ 在【3D】面板中的【球体】选项组中选择【球体材料】选项。

⑧ 单击【漫射】颜色框后面的【编辑漫射纹理】按钮，在弹出的菜单中选择【载入纹理】菜单项。

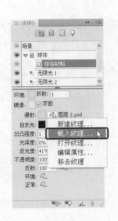

⑨ 弹出【打开】对话框，在电脑中找到本实例对应的素材文件 3.jpg，选中该素材文件，单击 打开(0) 按钮。

⑩ 球体被贴图后得到如下图所示的效果。

⑪ 选择【3D 旋转工具】，在球体上单击鼠标

左键并按住左键不放，灵活拖动鼠标，旋转球体的角度。

⑫ 选择【3D 滑动工具】，在球体上单击鼠标左键并按住左键不放，灵活拖动鼠标，调整球体的空间位置。

⑬ 选择【3D 平移工具】，然后移动球体的位置，得到如下图所示的效果。

⑭ 在【图层】面板中的【设置图层的混合模式】下拉列表中选择【滤色】选项。

⑮ 设置混合模式后得到如下图所示的效果。

⑯ 单击【添加图层样式】按钮 *fx.*，在弹出的菜单中选择【内阴影】菜单项。

⑰ 在弹出的【图层样式】对话框中设置如下图所示的参数。

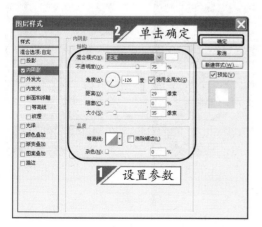

⑱ 选择【外发光】选项，在该对话框中设置如下图所示的参数。

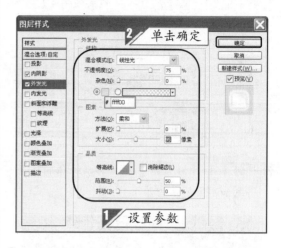

⑲ 选择【内发光】选项，在该对话框中设置如下图所示的参数。

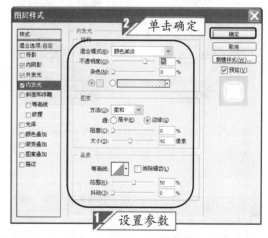

⑳ 添加图层样式后得到如下图所示的效果。

3. 细节设计

① 按【Ctrl】+【J】组合键复制【图层2】图层，得到【图层2副本】图层。

② 选择【3D平移工具】，移动球体的位置，得到如下图所示的效果。

③ 选择【3D旋转工具】，在球体上单击鼠标左键并按住左键不放，灵活拖动鼠标，旋转球体的角度。

④ 选择【3D滑动工具】，在球体上单击鼠标左键并按住左键不放，灵活拖动鼠标，调整球体的空间位置。

⑤ 在【填充】文本框中输入"49%"，得到如下图所示的效果。

⑥ 参照操作步骤①～⑤中的方法再编辑一个球体，并对其进行旋转和放大操作，最终得到如下图所示的效果。

第7章

写真照片的
设计制作

随着时代的进步和生活水平的提高，拍摄个人写真已成为一种时尚，应用 Photoshop 软件设计制作写真照片也随之广泛普及。本章主要介绍应用 Photoshop CS4 软件设计制作各种时尚写真的基本技巧。

关于本章知识，本书配套教学光盘中有相关的多媒体教学视频，请读者参看光盘【写真照片的设计制作】。

光盘链接

7.1 儿童写真日历

本节主要介绍应用形状路径以及文字功能等制作漂亮的儿童写真日历效果。

▲ 原始文件与最终效果对比

本实例素材文件和最终效果所在位置如下。	
素材文件	第7章\7.1\素材文件\1.jpg、2.jpg
最终效果	第7章\7.1\最终效果\1.psd

1. 构图设计

① 按【Ctrl】+【N】组合键，弹出【新建】对话框，在该对话框中设置如下图所示的参数，然后单击 确定 按钮。

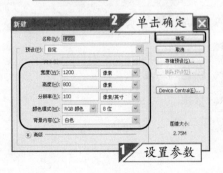

② 打开本实例对应的素材文件 1.jpg。

③ 选择【移动工具】，将素材文件 1.jpg 中的图像拖动到新建的文件 1.psd 中。

④ 按【Ctrl】+【T】组合键调出调整控制框，按住【Shift】键调整图像的大小，调整合适后按【Enter】键确认操作。

⑤ 单击【创建新图层】按钮 ，新建图层。

⑥ 将前景色设置为白色，选择【自定形状工具】 ，在工具选项栏中设置如下图所示的选项。

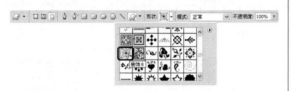

⑦ 按住【Shift】键在图像中绘制如下图所示的形状。

⑧ 参照上述方法绘制其他花边样式。

⑨ 单击【添加图层样式】按钮 ，在弹出的菜单中选择【描边】菜单项。

⑩ 在弹出的【图层样式】对话框中设置如下图所示的参数，然后单击　确定　按钮。

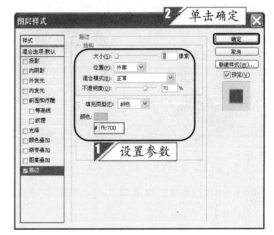

⑪ 添加描边样式后得到如下图所示的效果。

⑫ 打开本实例对应的素材文件 2.jpg。

⑬ 选择【移动工具】🖑，将素材文件 2.jpg 中的图像拖动到新建的文件 1.psd 中。

⑭ 按【Ctrl】+【T】组合键调出调整控制框，按住【Shift】键调整图像的大小，调整合适后按【Enter】键确认操作。

⑮ 选择【图像】➢【调整】➢【去色】菜单项，将照片去色，得到如下图所示的效果。

⑯ 在【图层】面板中的【填充】文本框中输入"46%"。

⑰ 单击【添加图层蒙版】按钮 🔘，为该图层添加图层蒙版。

⑱ 将前景色设置为黑色，选择【渐变工具】▦，在工具选项栏中设置如下图所示的选项。

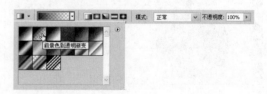

⑲ 按住【Shift】键在图像中沿着黑白照片的左边缘向右拖动，添加渐变效果。

⑳ 按住【Shift】键在图像中沿着黑白照片的上边缘向下拖动，添加渐变效果。

㉑ 单击【图层 3】图层的图层缩览图，选中该图层图像。选择【图像】➤【调整】➤【色阶】菜单项，在弹出的【色阶】对话框中设置如下图所示的参数，然后单击 确定 按钮。

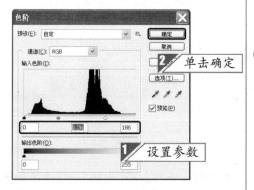

㉒ 调整色阶后得到如下图所示的效果。

2.　添加文字

① 单击【设置前景色】图标，在弹出的【拾色器（前景色）】对话框中设置如下图所示的参数，单击 确定 按钮。

② 选择【横排文字工具】T，在工具选项栏中的【设置字体系列】下拉列表中选择适当的字体，在【设置字体大小】下拉列表中选择适当的字号。

③ 在图像中单击鼠标左键插入输入点，然后输入文字，单击工具选项栏中的【提交所有当前编辑】按钮✔确认操作。

④ 单击【添加图层样式】按钮 _fx_，在弹出的菜单中选择【描边】菜单项。

⑤ 在弹出的【图层样式】对话框中设置如下图所示的参数，并将描边颜色设置为白色，然后单击 确定 按钮。

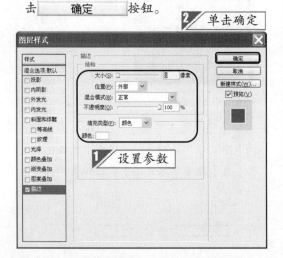

⑥ 添加图层样式后得到如下图所示的效果。

⑦ 将前景色设置为白色，选择【自定形状工具】，在工具选项栏中设置如下图所示的选项。

⑧ 单击【创建新图层】按钮 ，新建图层。

⑨ 在图像中绘制如下图所示的图形样式。

⑩ 按【Ctrl】+【J】组合键复制图层，得到【图层4副本】图层。

⑪ 选择【编辑】➤【变换】➤【垂直翻转】菜单项，将图像垂直翻转，并使用【移动工具】移动图像的位置，得到如下图所示的效果。

⑫ 将前景色设置为"42b1d6"号色, 选择【横排文字工具】$\boxed{T}$, 在工具选项栏中的【设置字体系列】下拉列表中选择适当的字体, 在【设置字体大小】下拉列表中选择适当的字号。

⑬ 在图像中单击鼠标左键插入输入点, 然后输入文字, 单击工具选项栏中的【提交所有当前编辑】按钮 ✔ 确认操作。

⑭ 在工具选项栏中的【设置字体系列】下拉列表中设置字体样式, 然后在图像中输入月份。

⑮ 在工具选项栏中设置合适的字体及字号。

⑯ 在图像中输入周一至周日的字样。

⑰ 选中"SUN"字样, 将前景色设置为"fe1d82"号色, 单击【提交所有当前编辑】按钮 ✔ 确认操作。

⑱ 参照上述方法交替变换文字颜色, 输入其他文字, 最终得到如下图所示的效果。

7.2 写真封面

本节主要介绍使用形状路径以及文字功能等制作漂亮的儿童写真封面效果。

▲ 素材文件与最终效果对比

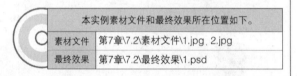

本实例素材文件和最终效果所在位置如下。	
素材文件	第7章\7.2\素材文件\1.jpg、2.jpg
最终效果	第7章\7.2\最终效果\1.psd

1. 照片的组合

① 按【Ctrl】+【N】组合键，弹出【新建】对话框，在该对话框中设置如下图所示的参数，单击　确定　按钮。

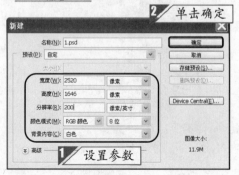

② 将前景色设置为黑色，选择【矩形工具】　，在工具选项栏中设置如下图所示的选项。

③ 单击【创建新图层】按钮　，新建图层。

④ 使用【矩形工具】　在图像中绘制如下图所示的矩形。

⑤ 打开本实例对应的素材文件 1.jpg。

⑥ 选择【移动工具】，将素材文件 1.jpg 中的图像拖动到新建的文件 1.psd 中。

⑦ 按【Ctrl】+【T】组合键调出调整控制框，按住【Shift】键调整照片的大小，调整合适后按【Enter】键确认操作。

⑧ 按【Ctrl】+【Alt】+【G】组合键将照片嵌入到下一图层中。

⑨ 将前景色设置为黑色，背景色设置为白色，选择【图层 1】图层，单击【添加图层样式】按钮，在弹出的菜单中选择【描边】菜单项。

⑩ 在弹出的【图层样式】对话框中设置如下图所示的参数，然后单击 确定 按钮。

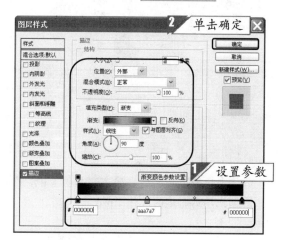

⑪ 选择【图层 2】图层，单击【创建新图层】按钮 新建图层。

⑫ 使用【矩形工具】在图像中绘制如下图所示的矩形。

⑬ 打开本实例对应的素材文件 2.jpg。

⑭ 选择【移动工具】 ，将素材文件 2.jpg 中的图像拖动到新建的文件 1.psd 中。

⑮ 按【Ctrl】+【Alt】+【G】组合键将照片嵌入到下一图层中。

⑯ 按【Ctrl】+【T】组合键调出调整控制框，按住【Shift】键调整图像的大小，调整合适后按【Enter】键确认操作。

⑰ 选择【图层 2】图层，单击【创建新图层】按钮 ，新建图层。

⑱ 将前景色设置为黑色，使用【矩形工具】 在图像中绘制如下图所示的矩形。

⑲ 单击【添加图层样式】按钮 fx.，在弹出的菜单中选择【描边】菜单项。

⑳ 在弹出的【图层样式】对话框中设置如图所示的参数，然后单击 确定 按钮。

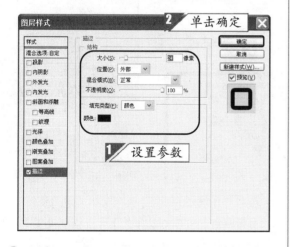

㉑ 在【图层】面板中的【填充】文本框中输入"0%"。

㉒ 选择【图层 4】图层，单击【创建新图层】按钮 ，新建图层。

㉓ 选择【铅笔工具】 ，将前景色设置为黑色，按住【Shift】键在图像中绘制如下图所示的直线。

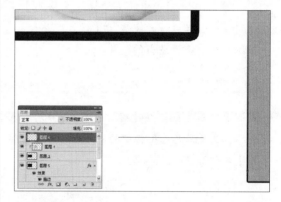

㉔ 选择【滤镜】▷【杂色】▷【添加杂色】菜单项，在弹出的【添加杂色】对话框中设置如下图所示的参数，然后单击 确定 按钮。

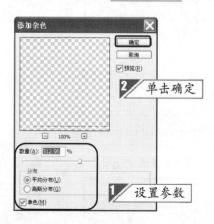

㉕ 按【Ctrl】+【T】组合键调整图像的高度，调整合适后按【Enter】键确认操作。

2. 添加文字

1 将前景色设置为黑色，选择【横排文字工具】
⬚T⬚，在工具选项栏中的【设置字体系列】下
拉列表中选择适当的字体,在【设置字体大小】
下拉列表中选择适当的字号。

2 在图像中单击鼠标左键插入输入点，然后输入
文字，单击工具选项栏中的【提交所有当前编
辑】按钮✔确认操作。

3 参照上述方法，在图像中输入其他黑色文字。

4 选择【横排文字工具】⬚T⬚，在图像中输入如
图所示的文字。

5 单击工具选项栏中的【更改文本方向】按钮⬚T⬚,
将文字垂直排列，单击工具选项栏中的【提交
所有当前编辑】按钮✔确认操作。

6 在工具选项栏中单击【设置文本颜色】颜色框,
在弹出的【选择文本颜色】对话框中设置如下
图所示的参数，然后单击 确定 按钮。

7 使用【横排文字工具】⬚T⬚在图像中输入如下
图所示的文字。

8 将前景色设置为黑色，选择【自定形状工具】
　　，在工具选项栏中设置如下图所示的选项。

9 单击【创建新图层】按钮 ，新建图层。

10 使用【自定形状工具】 绘制如下图所示的
　　图像。

11 选择【钢笔工具】 ，在工具选项栏中设置
　　如下图所示的选项。

12 在图像中绘制如图所示的路径。

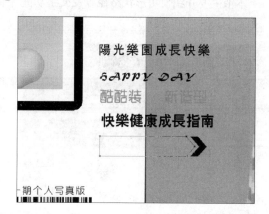

13 按【Ctrl】+【Enter】组合键将路径转换为选
　　区，按【Alt】+【Delete】组合键将选区填充
　　为黑色。

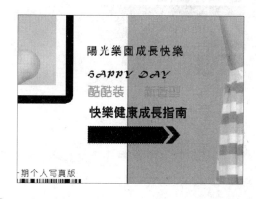

14 按【Ctrl】+【D】组合键取消选区，最后设置
　　适当的字体、字号及颜色，使用【横排文字工
　　具】 T 在图像中输入相关文字，最终得到如
　　下图所示的效果。

7.3 时尚写真

本节主要介绍使用形状路径以及文字功能等制作漂亮的时尚写真照片效果。

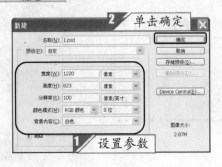

▲ 素材文件与最终效果对比

本实例素材文件和最终效果所在位置如下。	
素材文件	第7章\7.3\素材文件\1.jpg~3.jpg、1.tiff
最终效果	第7章\7.3\最终效果\1.psd

1. 构图设计

① 按【Ctrl】+【N】组合键，弹出【新建】对话框，从中设置如下图所示的参数，然后单击 确定 按钮。

② 选择【背景】图层，单击【创建新图层】按钮 ，新建图层。

③ 选择【矩形工具】 ，在工具选项栏中设置如下图所示的选项。

④ 将前景色设置为黑色，在图像中绘制如下图所示的矩形。

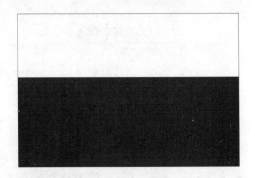

⑤ 打开本实例对应的素材文件 1.jpg。

⑥ 选择【移动工具】 ，将素材文件 1.jpg 中的图像拖动到新建的文件 1.psd 中。

7　按【Ctrl】+【Alt】+【G】组合键，将照片嵌入到下一图层中，使用【移动工具】移动照片的位置，得到如下图所示的效果。

8　选择【钢笔工具】，在工具选项栏中设置如下图所示的选项。

9　在图像左下角绘制如下图所示的路径。

10　单击【创建新图层】按钮，新建图层。

11　按【Ctrl】+【Enter】组合键将路径转换为选区。

12　将前景色设置为白色，按【Alt】+【Delete】组合键填充选区，按【Ctrl】+【D】组合键取消选区。

13　单击【添加图层样式】按钮，在弹出的菜单中选择【投影】菜单项。

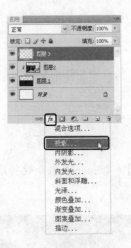

⑭ 在弹出的【图层样式】对话框中设置如下图所示的参数，然后单击 确定 按钮。

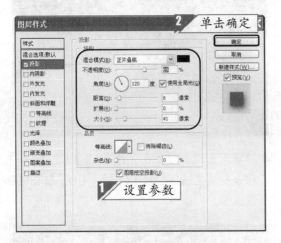

⑮ 选择【图层2】图层，单击【创建新图层】按钮 ，新建图层。

⑯ 选择【多边形套索工具】 ，在工具选项栏中设置如下图所示的参数。

⑰ 在图像中绘制如下图所示的选区。

⑱ 将前景色设置为白色，按【Alt】+【Delete】组合键填充选区，按【Ctrl】+【D】组合键取消选区。

⑲ 选择【图层3】图层，单击【创建新图层】按钮 ，新建图层。

⑳ 选择【矩形工具】 ，将前景色设置为黑色，在图像中绘制如下图所示的矩形。

㉑ 打开本实例对应的素材文件 2.jpg。

㉒ 选择【移动工具】，将素材文件 2.jpg 中的图像拖动到新建的文件 1.psd 中。

㉓ 按【Ctrl】+【T】组合键调整图像的大小，调整合适后按【Enter】键确认操作。

㉔ 选择【编辑】▷【变换】▷【水平翻转】菜单项，将照片水平翻转，按下【Ctrl】+【Alt】+【G】组合键将照片嵌入到下一图层中。

㉕ 选择【图层 5】图层，单击【添加图层样式】按钮，在弹出的菜单中选择【描边】菜单项。

㉖ 在弹出的【图层样式】对话框中设置如图所示的参数，然后单击 确定 按钮。

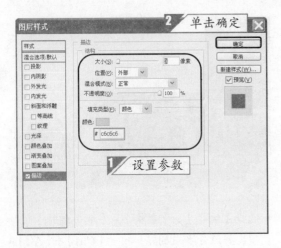

㉗ 参照上述方法，将素材文件 3.jpg 中的图像编辑到文件 1.psd 中。

2. 添加文字及装饰

① 打开本实例对应的素材文件 1.tiff，选中【花纹 1】图层。

② 选择【移动工具】，将素材文件 1.tiff【花纹 1】图层中的图像拖动到新建的文件 1.psd 中，并将该图层移至【图层 5】图层的下方。

③ 在【设置图层的混合模式】下拉列表中选择【明度】选项，在【不透明度】文本框中输入"25%"。

④ 单击【添加图层蒙版】按钮，为该图层添加图层蒙版。

⑤ 将前景色设置为黑色，选择【渐变工具】，在工具选项栏中设置如下图所示的选项。

⑥ 选择图层蒙版，在图像中由花纹的左上角向中心拖动鼠标，添加渐变效果。

⑦ 打开本实例对应的素材文件 1.tiff，选中【花纹 2】图层。

⑧ 选择【移动工具】，将素材文件 1.tiff【花纹 2】图层中的图像拖动到新建的文件 1.psd 中。

⑨ 在【设置图层的混合模式】下拉列表中选择【明度】选项。

⑩ 打开本实例对应的素材文件 1.tiff，选中【文字】图层。

⑪ 选择【移动工具】，将素材文件 1.tiff【文字】图层中的图像拖动到新建的文件 1.psd 中，调整文字的位置，最终得到如下图所示的效果。

 胶片效果

　　按照 7.3 节介绍的方法，使用形状路径以及文字功能等制作漂亮的胶片写真效果，操作过程可参见配套光盘\练兵场\胶片效果。

▲ 素材文件与最终效果对比

7.4 甜蜜的心

本节主要介绍使用形状路径以及文字功能等制作漂亮的个人写真照片效果。

▲ 素材文件与最终效果对比

本实例素材文件和最终效果所在位置如下。	
素材文件	第7章\7.4\素材文件\1.jpg、2.jpg、3.jpg
最终效果	第7章\7.4\最终效果\1.psd

1. 构图设计

① 按【Ctrl】+【N】组合键，弹出【新建】对话框，从中设置如下图所示的参数，然后单击 确定 按钮。

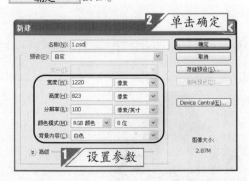

② 将前景色设置为黑色，按【Alt】+【Delete】组合键填充图像。

③ 单击【设置前景色】图标，在弹出的【拾色器（前景色）】对话框中设置如下图所示的参数，然后单击 确定 按钮。

④ 单击【创建新图层】按钮 ，新建图层。

⑤ 按【Alt】+【Delete】组合键填充图像。

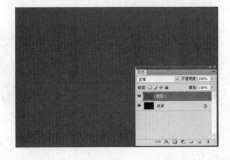

⑥ 将前景色设置为黑色，选择【渐变工具】 ，在工具选项栏中设置如下图所示的选项。

⑦ 使用【渐变工具】 在图像中由内向外拖动鼠标，添加渐变效果。

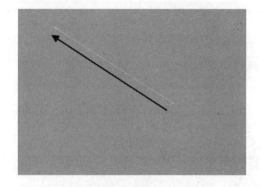

⑧ 打开本实例对应的素材文件 1.jpg。

⑨ 选择【移动工具】 ，将素材文件 1.jpg 中的图像拖动到文件 1.psd 中。

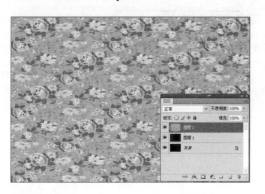

⑩ 在【设置图层的混合模式】下拉列表中选择【强光】选项，在【不透明度】文本框中输入"53%"。

⑪ 单击【添加图层蒙版】按钮 ，为该图层添加图层蒙版。

⑫ 将前景色设置为黑色，选择【渐变工具】 ，在工具选项栏中设置如下图所示的选项。

⑬ 使用【渐变工具】 在图像中由内向外拖动鼠标，添加渐变效果。

⑭ 单击【创建新图层】按钮 🔲，新建图层。

⑮ 将前景色设置为白色，选择【画笔工具】 ✐，
在工具选项栏中设置如下图所示的参数。

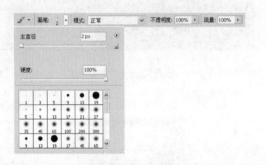

⑯ 在图像中按住【Shift】键拖动鼠标绘制直线段。

⑰ 参照上述方法绘制其他直线，得到如下图所示
的效果。

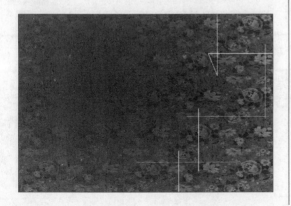

⑱ 按【Ctrl】+【J】组合键复制图层，得到【图
层 3 副本】图层。

⑲ 选择【移动工具】 ▶ᵬ，移动副本图层中的图
像的位置，得到如下图所示的效果。

⑳ 单击【创建新图层】按钮 🔲，新建图层。

㉑ 选择【矩形工具】 ▢，在工具选项栏中设置
如下图所示的选项。

㉒ 单击【设置前景色】图标，在弹出的【拾色器
（前景色）】对话框中设置如下图所示的参数，
然后单击 ▢ 确定 ▢ 按钮。

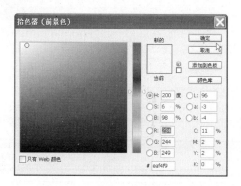

㉓ 使用【矩形工具】□，在图像中绘制如下图所示的矩形。

㉔ 在【图层】面板中的【不透明度】文本框中输入 "70%"。

㉕ 单击【创建新图层】按钮 □，新建图层。

㉖ 将前景色设置为白色，使用【矩形工具】□，在图像中绘制如下图所示的矩形。

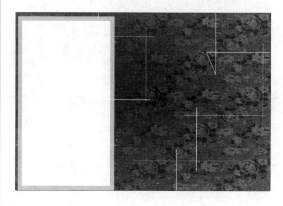

㉗ 打开本实例对应的素材文件 2.jpg。

㉘ 选择【移动工具】▶+，将素材文件 2.jpg 中的图像拖动到文件 1.psd 中。

㉙ 按【Ctrl】+【Alt】+【G】组合键，将照片嵌入到下一图层中。

30 按【Ctrl】+【T】组合键调出调整控制框，按住【Shift】键调整照片的大小，调整合适后按【Enter】键确认操作。

2. 编辑细节及文字

① 参照上面的操作步骤20～24中的方法，在图像中绘制如下图所示的矩形。

② 单击【创建新图层】按钮，新建图层。

③ 将前景色设置为白色，选择【圆角矩形工具】，在工具选项栏中设置如下图所示的选项及参数。

④ 使用【圆角矩形工具】在图像中绘制如下图所示的圆角矩形。

⑤ 打开本实例对应的素材文件 3.jpg。

⑥ 选择【移动工具】，将素材文件 3.jpg 中的图像拖动到文件 1.psd 中。

⑦ 按【Ctrl】+【Alt】+【G】组合键，将照片嵌入到下一图层中。

⑧ 按【Ctrl】+【T】组合键调出调整控制框，按住【Shift】键调整照片的大小，调整合适后按【Enter】键确认操作。

⑨ 选择【编辑】▷【变换】▷【垂直翻转】菜单项，将照片垂直翻转，使用【移动工具】移动照片位置，得到如下图所示的效果。

⑩ 参照操作步骤②~④中的方法绘制如下图所示的圆角矩形。

⑪ 选择【图层 10】图层，按【Ctrl】+【J】组合键复制图层，得到【图层 10 副本】图层。

⑫ 拖动【图层 10 副本】图层至【图层 11】图层的上方。

⑬ 选择【编辑】▷【变换】▷【垂直翻转】菜单项，将照片垂直翻转，使用【移动工具】移

动照片位置，得到如下图所示的效果。

14 按【Ctrl】+【Alt】+【G】组合键，将照片嵌入到下一图层中。

15 将前景色设置为白色，选择【横排文字工具】T，在工具选项栏中的【设置字体系列】下拉列表中选择适当的字体，在【设置字体大小】下拉列表中选择适当的字号。

16 在图像中单击鼠标左键插入输入点，然后输入文字，单击工具选项栏中的【提交所有当前编辑】按钮✔确认操作。

17 在【图层】面板中的文字图层上单击鼠标右键，在弹出的快捷菜单中选择【栅格化文字】菜单项。

18 参照上述方法输入其他文字并栅格化，得到如下图所示的效果。

19 在【图层】面板中的【不透明度】文本框中输入"60%"。

20 单击【添加图层样式】按钮 _fx._，在弹出的菜单中选择【颜色叠加】菜单项。

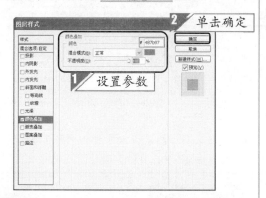

㉑ 在弹出的【图层样式】对话框中设置如图所示的参数，然后单击 ▢确定▢ 按钮。

㉒ 最终得到如图所示的效果。

小提示 在制作写真照片特效时，背景颜色可以根据照片原本色调进行编辑，添加边框装饰时可以采用与背景成对比的颜色进行设置。

7.5 粉色调写真

本节主要介绍使用形状路径以及文字功能等制作漂亮的个人写真照片效果。

▲ 素材文件与最终效果对比

本实例素材文件和最终效果所在位置如下。	
素材文件	第7章\7.5\素材文件\1.jpg~3.jpg、1.tiff
最终效果	第7章\7.5\最终效果\1.psd

1. 构图设计

① 按【Ctrl】+【N】组合键，弹出【新建】对话框，从中设置如下图所示的参数，然后单击 ▢确定▢ 按钮。

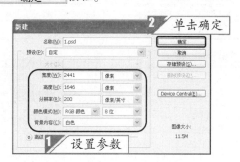

② 单击【设置前景色】图标，在弹出的【拾色器（前景色）】对话框中设置如下图所示的参数，然后单击 确定 按钮。

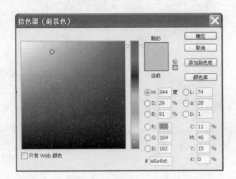

③ 按【Alt】+【Delete】组合键填充图像。

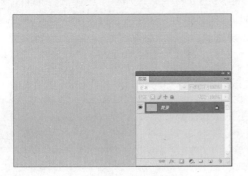

④ 单击【创建新图层】按钮 ，新建图层。

⑤ 将前景色设置为"fdfef6"号色，按【Alt】+【Delete】组合键填充图像。

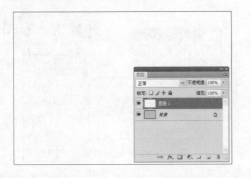

⑥ 选择【椭圆选框工具】 ，在工具选项栏中设置如下图所示的参数。

⑦ 在图像中绘制如下图所示的选区。

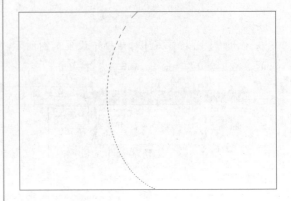

⑧ 单击【添加图层蒙版】按钮 ，将选区外的图像隐藏。

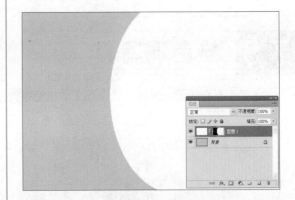

⑨ 单击【创建新图层】按钮 ，新建图层。

⑩ 将前景色设置为"9b3753"号色，按【Alt】+【Delete】组合键填充图像。

⑪ 单击【添加图层蒙版】按钮 ，为该图层添加图层蒙版。

⑫ 将前景色设置为黑色，选择【渐变工具】，在工具选项栏中设置如下图所示的选项。

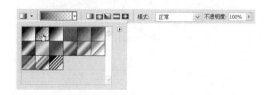

⑬ 选择图层蒙版，在图像中由左上角向右下角拖动鼠标，添加渐变效果。

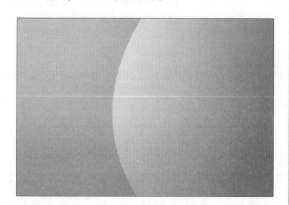

⑭ 单击【创建新的填充或调整图层】按钮，在弹出的菜单中选择【色相/饱和度】菜单项。

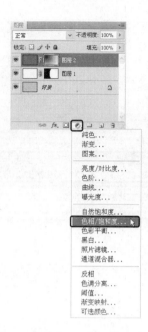

⑮ 在【色相/饱和度】对应的面板中设置如下图所示的参数。

⑯ 打开本实例对应的素材文件 1.tiff，选择【花纹】图层。

⑰ 选择【移动工具】，将【花纹】图层中的图像拖动到文件 1.psd 中。

18 在【图层】面板中的【不透明度】文本框中输入 "23%"。

19 按【Ctrl】+【J】组合键复制图层，得到【花纹副本】图层。

20 在【图层】面板中的【不透明度】文本框中输入 "59%"。

21 选择【编辑】▷【变换】▷【水平翻转】菜单项，将图像水平翻转，并使用【移动工具】移动其位置。

22 选择【编辑】▷【变换】▷【垂直翻转】菜单项，将图像垂直翻转，按【Ctrl】+【T】组合键调出调整控制框，调整图像的大小，按【Enter】键确认操作。

23 将前景色设置为 "a81e1e" 号色，单击【创建新图层】按钮，新建图层。

24 选择【矩形工具】，在工具选项栏中设置如下图所示的选项。

㉕ 使用【矩形工具】█在图像中绘制如下图所示的矩形。

㉖ 打开本实例对应的素材文件 1.jpg。

㉗ 使用【移动工具】➕将素材文件 1.jpg 中的图像拖动到文件 1.psd 中，按【Ctrl】+【Alt】+【G】组合键将照片嵌入到下一图层中。

㉘ 参照上述方法将素材文件 2.jpg 和 3.jpg 编辑到文件 1.psd 中，得到如下图所示的效果。

2.　添加文字

① 打开本实例对应的素材文件 1.tiff，选中【文字】图层。

② 使用【移动工具】➕将素材文件 1.tiff 中【文字】图层中的图像拖动到文件 1.psd 中，并将该图层移至【图层 3】图层的上方。

③ 单击【添加图层样式】按钮 fx，在弹出的菜单中选择【外发光】菜单项。

符】面板，从中设置如下图所示的参数。

④ 在弹出的【图层样式】对话框中设置如下图所示的参数，并将外发光颜色设置为白色，然后单击 确定 按钮。

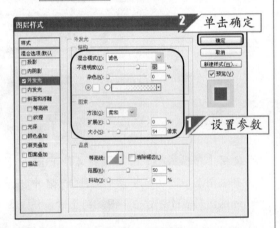

⑦ 在图像中输入文字，在需要换行处按【Enter】键即可，输入完成后，单击工具选项栏中的【提交所有当前编辑】按钮✓确认操作。

⑤ 将前景色设置为黑色，选择【横排文字工具】T，在工具选项栏中的【设置字体系列】下拉列表中选择适当的字体，在【设置字体大小】下拉列表中选择适当的字号。

⑥ 在图像中单击鼠标左键插入输入点，打开【字

⑧ 参照上述方法在图像中输入其他文字，最终得到如下图所示的效果。

7.6 梦想

沉思的少女，梦想飞到遥远的天空。本节主要介绍使用路径以及图层样式等制作个性的时尚写真照片效果。

▲ 素材文件与最终效果对比

本实例素材文件和最终效果所在位置如下。	
素材文件	第7章\7.6\素材文件\1.jpg~3.jpg、1.tiff
最终效果	第7章\7.6\最终效果\1.psd

1. 天空场景的制作

① 按【Ctrl】+【N】组合键，弹出【新建】对话框，在该对话框中进行如下图所示的设置，设置完毕后单击　　确定　　按钮。

② 打开本实例对应的素材文件 1.jpg，选择【移动工具】，将 1.jpg 中的图像拖动到新建文件的背景中。

③ 按【Ctrl】+【T】组合键，调整图像的大小和位置，得到满意效果后按【Enter】键使用变换效果，得到的图像效果如下图所示。

④ 打开本实例对应的素材文件 2.jpg。

⑤ 选择【移动工具】，将 2.jpg 中的图像拖动到新建文件的背景中，按【Ctrl】+【T】组合键调整图像的大小和位置，得到满意效果后按【Enter】键确认操作。

281

6 在【图层】面板中的【设置图层的混合模式】下拉列表中选择【颜色加深】选项。

7 单击【添加图层蒙版】按钮 ，为【图层 2】图层添加图层蒙版。

2.　人物视觉效果的制作

1 打开本实例对应的素材文件 3.jpg，选择【钢笔工具】 ，工具选项栏中各参数的设置如下图所示。

2 使用【钢笔工具】 沿人物边缘绘制如下图所示的路径。

8 将前景色设置为黑色，背景色设置为白色，选择【渐变工具】 ，在工具选项栏中设置如下图所示的选项。

9 使用【渐变工具】 ，在图像上边缘单击并按住鼠标左键不放向下拖动。

3 结束路径的创建后，按【Ctrl】+【Enter】组合键将路径转换为选区。

④ 按【Shift】+【F6】组合键，弹出【羽化选区】对话框，在【羽化半径】文本框中输入"2"，然后单击 ▭ 确定 ▭ 按钮。

⑤ 按【Ctrl】+【C】组合键复制图像，打开 1.psd 文件，按【Ctrl】+【V】组合键粘贴图像。

⑥ 按【Ctrl】+【T】组合键调整图像的大小和位置，得到满意效果后按【Enter】键使用变换效果，得到的图像效果如下图所示。

⑦ 选择【橡皮擦工具】 ，工具选项栏中各参数的设置如下图所示。

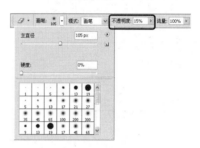

⑧ 分别按【[】或【]】键缩小或者放大橡皮擦的直径，使用【橡皮擦工具】 在人物头纱的边缘涂抹，使人物和背景更好地融合，图像效果如下图所示。

⑨ 按【Ctrl】+【J】组合键复制【图层3】图层，得到【图层3 副本】图层，选择【图层3】图层。

⑩ 选择【滤镜】➢【模糊】➢【动感模糊】菜单项，弹出【动感模糊】对话框，在该对话框中设置如下图所示的参数，单击 确定 按钮。

⑪ 模糊后得到如下图所示的效果。

3. 添加星光装饰

① 单击【创建新图层】按钮，新建【图层4】图层。

② 将前景色设置为白色，选择【画笔工具】，工具选项栏中各参数的设置如下图所示。

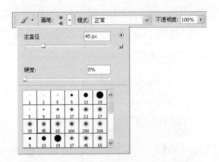

③ 使用【画笔工具】在画布上绘制几条竖线，如下图所示。

④ 选择【滤镜】➢【模糊】➢【动感模糊】菜单项，弹出【动感模糊】对话框，从中设置如下图所示的参数，单击 确定 按钮。

⑤ 模糊后得到如下图所示的效果。

⑥ 打开【图层】面板，在【填充】文本框中输入
"30%"。

⑦ 打开本实例对应的素材文件 1.tiff。

⑧ 使用【移动工具】将 1.tiff 中的图像拖动到
1.psd 的背景中，按【Ctrl】+【T】组合键调整
图像的大小和位置，得到满意效果后按【Enter】
键确认操作。

⑨ 选择【图层3副本】图层。

⑩ 参照①～⑥的操作步骤绘制直线，得到如下
图所示的图像效果。

⑫ 在画布上单击并输入文字"乘着梦想的翅膀任
思绪飞扬",最终得到如下图所示的图像效果。

⑪ 将前景色设置为白色,选择【横排文字工具】
T,工具选项栏中各参数的设置如下图所示。

第8章

婚纱照片的设计制作

随着时尚领域的不断更新，婚纱照片设计的效果也不断创新，更加漂亮的婚纱照片设计作品层出不穷。本章主要介绍应用 Photoshop CS4 软件设计制作各种时尚婚纱照片的技巧。

关于本章知识，本书配套教学光盘中有相关的多媒体教学视频，请读者参看光盘【婚纱照片的设计制作】。

光盘链接

- ⚑ 麦田私语
- ⚑ 浪漫物语
- ⚑ 蓝调
- ⚑ 幸福时光
- ⚑ 红色幻想

8.1 麦田私语

本节主要介绍使用形状路径以及文字功能等制作漂亮的浪漫婚纱照片效果。

▲ 素材文件与最终效果对比

本实例素材文件和最终效果所在位置如下。	
素材文件	第8章\8.1\素材文件\1.jpg~3.jpg
最终效果	第8章\8.1\最终效果\1.psd

制作漂亮的浪漫婚纱照片效果的具体操作如下：

1. 打开本实例对应的素材文件 1.jpg，单击【创建新图层】按钮 ，新建图层。

2. 将前景色设置为白色，选择【圆角矩形工具】 ，在工具选项栏中设置如下图所示的选项及参数。

3. 按住【Shift】键在图像中绘制如下图所示的圆角矩形。

4. 在【图层】面板中的【填充】文本框中输入"60%"。

5. 调节填充参数后得到如下图所示的效果。

6. 单击【创建新图层】按钮 ，新建图层。

⑦ 选择【圆角矩形工具】 ◻️，按住【Shift】键在图像中绘制如下图所示的圆角矩形。

⑧ 单击【添加图层样式】按钮 *fx.*，在弹出的菜单中选择【描边】菜单项。

⑨ 在弹出的【图层样式】对话框中将描边颜色设置为白色，设置如下图所示的参数，然后单击 确定 按钮。

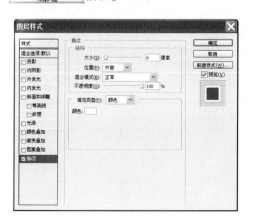

⑩ 打开本实例对应的素材文件 2.jpg。

⑪ 选择【移动工具】 ⊕，将素材文件 2.jpg 中的图像拖动到素材文件 1.jpg 中。

⑫ 按【Ctrl】+【Alt】+【G】组合键嵌入到下一图层中。

⑬ 按【Ctrl】+【T】组合键调出调整控制框，按住【Shift】键调整图像的大小，然后调整图像的位置，调整合适后按【Enter】键确认操作。

⑭ 参照操作步骤⑩~⑬中的方法将素材文件 3.jpg 编辑到素材文件 1.jpg 中。

⑮ 选择【图层 1】图层，按【Ctrl】+【J】组合键复制图层，得到【图层 1 副本】图层。

⑯ 选择【移动工具】，移动副本图像的位置，得到如下图所示的效果。

⑰ 参照操作步骤⑮~⑯中的方法制作其他的圆角矩形并调整其位置，得到的图像效果如下图所示。

⑱ 将前景色设置为白色，选择【横排文字工具】，在工具选项栏中的【设置字体系列】下拉列表中选择适当的字体，在【设置字体大小】下拉列表中选择适当的字号。

⑲ 在图像中单击鼠标左键插入输入点，然后输入文字，单击工具选项栏中的【提交所有当前编辑】按钮确认操作。

⑳ 参照上述方法输入其他的白色文字,得到如下图所示的效果。

㉑ 选择【横排文字工具】 T ,单击工具选项栏中的【设置文本颜色】图标 ,弹出【选择文本颜色】对话框,从中设置如下图所示的参数,然后单击 确定 按钮。

㉒ 在工具选项栏中设置适当的字体及字号。

㉓ 在图像中输入如下图所示的文字,单击工具选项栏中的【提交所有当前编辑】按钮 ✓ 确认操作,最终得到如下图所示的效果。

练兵场
美丽新娘

　　按照 8.1 节介绍的方法,应用路径功能以及文字工具制作漂亮的新娘婚纱效果,操作过程可参见配套光盘\练兵场\美丽新娘。

▲ 素材文件与最终效果对比

8.2 浪漫物语

　　本节主要介绍使用定义填充样式功能以及文字功能等制作漂亮的经典婚纱照片效果。

▲ 素材文件与最终效果对比

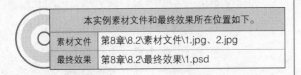

本实例素材文件和最终效果所在位置如下。

素材文件	第8章\8.2\素材文件\1.jpg、2.jpg
最终效果	第8章\8.2\最终效果\1.psd

1. 照片构图

① 按【Ctrl】+【N】组合键，弹出【新建】对话框，从中设置如下图所示的参数，然后单击 确定 按钮。

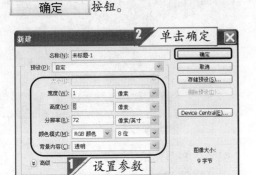

② 将画布最大化，选择【矩形选框工具】，在图像中绘制如下图所示的选区并填充白色。

③ 按【Ctrl】+【D】组合键取消选区，选择【编辑】>【定义图案】菜单项，在弹出的【图案名称】对话框中设置图案的名称，然后单击 确定 按钮。

④ 按【Ctrl】+【N】组合键，弹出【新建】对话框，从中设置如下图所示的参数，然后单击 确定 按钮。

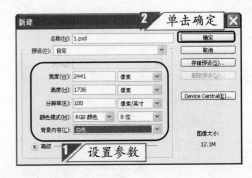

⑤ 将前景色设置为黑色，按【Alt】+【Delete】组合键填充图像，单击【创建新图层】按钮，新建图层。

⑥ 选择【编辑】>【填充】菜单项，弹出【填充】对话框，在【使用】下拉列表中选择【图案】选项，在【自定图案】下拉面板中选择定义的图案样式，然后单击 确定 按钮。

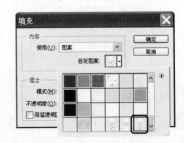

⑦ 在【图层】面板中的【填充】文本框中输入"90%"。

⑧ 按【Ctrl】+【T】组合键调出调整控制框, 旋转网纹的角度并适当调整其大小, 使其覆盖整个画布, 调整合适后按【Enter】键确认操作。

⑨ 单击【创建新图层】按钮 ▣, 新建图层。

⑩ 将前景色设置为白色, 选择【画笔工具】 ✐, 在工具选项栏中设置如下图所示的参数。

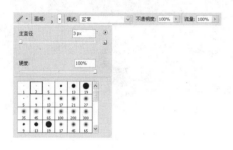

⑪ 在图像中单击一点作为起始点, 按住【Shift】键并拖动鼠标在图像中绘制如下图所示的直线。

⑫ 参照上述方法绘制其他的直线, 得到如下图所示的效果。

⑬ 选择【矩形选框工具】 ▢, 在工具选项栏中设置如下图所示的选项及参数。

⑭ 在图像中绘制如下图所示的选区。

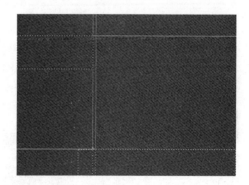

⑮ 选择【图层 1】图层, 单击【添加图层蒙版】按钮 ▣, 隐藏部分图像。

⑯ 将前景色设置为白色, 选择【矩形工具】 ▢, 在工具选项栏中设置如下图所示的选项。

⑰ 单击【创建新图层】按钮 ▣, 新建图层。

18 使用【矩形工具】□，在图像中绘制如下图所示的矩形。

19 打开本实例对应的素材文件 1.jpg。

20 选择【移动工具】▶⊹，将素材文件 1.jpg 中的图像拖动到 1.psd 中。

21 按【Ctrl】+【Alt】+【G】组合键，将素材照片嵌入到下一图层中。

22 按【Ctrl】+【T】组合键调出调整控制框，按住【Shift】键调整图像的大小，调整合适后按【Enter】键确认操作。

23 参照操作步骤17～22中的方法，将本实例对应的素材文件 2.jpg 编辑到 1.psd 文件中。

2. 添加文字及装饰

① 选择【自定形状工具】，在工具选项栏中设置如下图所示的选项。

② 单击【创建新图层】按钮 ，新建图层。

③ 在图像中绘制如下图所示的形状。

④ 选择【编辑】➤【变换】➤【水平翻转】菜单项，将绘制的形状水平翻转。

⑤ 单击【添加图层样式】按钮 *fx.*，在弹出的菜单中选择【描边】菜单项。

⑥ 在弹出的【图层样式】对话框中设置如下图所示的参数，然后单击 确定 按钮。

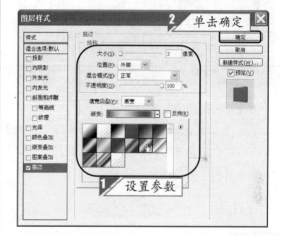

⑦ 选择【图层 6】图层，按【Ctrl】+【J】组合键复制该图层，得到【图层 6 副本】图层。

⑧ 将【图层 6 副本】图层移至【图层 7】图层的上方，按【Ctrl】+【Shift】+【G】组合键，将该图层嵌入到【图层 7】图层中。

⑨ 选择【移动工具】，移动【图层 6 副本】图层中图像的位置，得到如下图所示的效果。

⑩ 将前景色设置为白色，选择【横排文字工具】，在工具选项栏中的【设置字体系列】下拉列表中选择适当的字体，在【设置字体大小】下拉列表中选择适当的字号。

⑪ 在图像中单击鼠标左键插入输入点，然后输入文字，单击工具选项栏中的【提交所有当前编辑】按钮，确认操作。

⑫ 参照上述方法输入其他的文字，最终得到如下图所示的效果。

8.3 蓝调

本节主要介绍使用形状工具以及文字功能等制作浪漫的情侣合影效果。

▲ 素材文件与最终效果对比

本实例素材文件和最终效果所在位置如下。

素材文件	第8章\8.3\素材文件\1.jpg~5.jpg
最终效果	第8章\8.3\最终效果\1.psd

制作浪漫的情侣合影效果的具体操作如下：

① 打开本实例对应的素材文件 1.jpg。

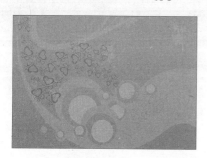

② 单击【设置前景色】图标，在弹出的【拾色器（前景色）】对话框中设置如下图所示的参数，然后单击 确定 按钮。

③ 选择【钢笔工具】，在工具选项栏中设置如下图所示的选项。

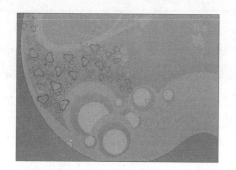

④ 在图像中绘制如下图所示的形状。

⑤ 打开本实例对应的素材文件 2.jpg。

⑥ 选择【移动工具】，将素材文件 2.jpg 中的图像拖动到素材文件 1.jpg 中。

⑦ 按【Ctrl】+【T】组合键调出调整控制框，按住【Shift】键调整照片的大小，调整合适后按【Enter】键确认操作。

⑧ 选择【钢笔工具】 ，在工具选项栏中设置如下图所示的选项。

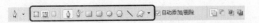

⑨ 使用【钢笔工具】 ，在图像中绘制如下图所示的路径。

⑩ 按【Ctrl】+【Enter】组合键将路径转换为选区。

⑪ 按【Shift】+【F6】组合键，弹出【羽化选区】对话框，从中设置如下图所示的参数，然后单击 确定 按钮。

⑫ 单击【图层】面板中的【添加图层蒙版】按钮 ，隐藏部分图像，得到如下图所示的效果。

⑬ 将前景色设置为 "0187e8" 号色，单击【创建新图层】按钮 ，新建图层。

⑭ 选择【椭圆工具】 ，在工具选项栏中设置如下图所示的选项。

⑮ 按住【Shift】键在图像中绘制如下图所示的圆形图像。

⑯ 将前景色设置为白色，单击【创建新图层】按钮 ，新建图层。

⑰ 按住【Shift】键在图像中绘制如下图所示的圆
　 形图像。

⑱ 打开本实例对应的素材文件 3.jpg。

⑲ 选择【移动工具】，将素材文件 3.jpg 中的
　 图像拖动到素材文件 1.jpg 中。

⑳ 按【Ctrl】+【Alt】+【G】组合键，将照片嵌
　 入到下一图层中。

㉑ 按【Ctrl】+【T】组合键调整照片的大小，调
　 整合适后按【Enter】键确认操作。

㉒ 参照上述方法将素材文件 4.jpg 和 5.jpg 编辑到
　 素材文件 1.jpg 中，得到如下图所示的效果。

㉓ 将前景色设置为"0187e8"号色，选择【横排
　 文字工具】，在工具选项栏中的【设置字

体系列】下拉列表中选择适当的字体，在【设
置字体大小】下拉列表中选择适当的字号。

㉔ 在图像中输入如下图所示的文字，输入完成后
单击工具选项栏中的【提交所有当前编辑】按
钮 ✔ 确认操作。

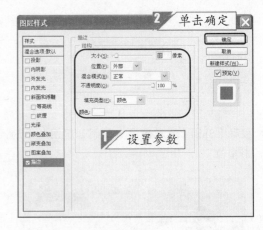

㉖ 参照上述方法输入其他的文字，最终得到如下
图所示的效果。

㉕ 选择【图层】➤【图层样式】➤【描边】菜单
项，在弹出的【图层样式】对话框中将描边颜
色设置为白色，然后设置如下图所示的参数，
单击 ┃ 确定 ┃ 按钮。

8.4 幸福时光

本节主要介绍利用形状工具以及文字功能等制作浪漫的情侣合影效果。

▲ 素材文件与最终效果对比

本实例素材文件和最终效果所在位置如下。

素材文件	第8章\8.4\素材文件\1.jpg~3.jpg
最终效果	第8章\8.4\最终效果\1.psd

1. 构图设计

① 按【Ctrl】+【N】组合键，弹出【新建】对话框，从中设置如下图所示的参数，然后单击 确定 按钮。

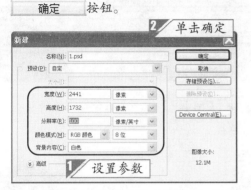

② 打开本实例对应的素材文件 1.jpg。

③ 选择【移动工具】，将素材文件 1.jpg 中的图像拖动到新建的文件 1.psd 中。

④ 按【Ctrl】+【T】组合键调出调整控制框，按住【Shift】键调整照片的大小，调整合适后按【Enter】键确认操作。

⑤ 选择【钢笔工具】，在工具选项栏中设置如下图所示的选项。

⑥ 在图像中绘制如下图所示的闭合路径。

⑦ 按【Ctrl】+【Enter】组合键将路径转换为选区。

⑧ 单击【设置前景色】图标，在弹出的【拾色器（前景色）】对话框中设置如下图所示的参数，然后单击 确定 按钮。

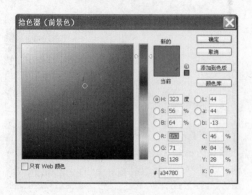

⑨ 单击【创建新图层】按钮 ，新建图层。

⑩ 按【Alt】+【Delete】组合键填充选区，按【Ctrl】+【D】组合键取消选区。

⑪ 单击【创建新图层】按钮 ，新建图层。

⑫ 选择【钢笔工具】 ，在图像中绘制如下图所示的闭合路径。

⑬ 按【Ctrl】+【Enter】组合键将路径转换为选区。

⑭ 按【Alt】+【Delete】组合键填充选区，按【Ctrl】+【D】组合键取消选区。

⑮ 在【图层】面板中的【填充】文本框中输入"76%"。

⑯ 选择【钢笔工具】 ，在图像中绘制如下图所示的闭合路径。

⑰ 单击【创建新图层】按钮 ，新建图层。

⑱ 按【Ctrl】+【Enter】组合键将路径转换为选区。

⑲ 按【Alt】+【Delete】组合键填充选区，按【Ctrl】+【D】组合键取消选区。在【图层】面板中的【不透明度】文本框中输入"30%"。

⑳ 参照上述方法，在右上角绘制如下图所示的层叠效果。

2. 细节设计

① 选择【矩形工具】 ，在工具选项栏中设置如下图所示的选项。

② 单击【创建新图层】按钮 ，新建图层。

③ 将前景色设置为白色，使用【矩形工具】□在图像中绘制如下图所示的矩形。

④ 单击【添加图层样式】按钮 fx.，在弹出的菜单中选择【描边】菜单项。

⑤ 在弹出的【图层样式】对话框中设置如下图所示的参数，然后单击 确定 按钮。

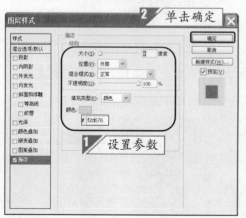

⑥ 打开本实例对应的素材文件 2.jpg。

⑦ 选择【移动工具】▶⊕，将素材文件 2.jpg 中的图像拖动到新建的文件 1.psd 中。

⑧ 按【Ctrl】+【Alt】+【G】组合键，将照片嵌入到下一图层中。

⑨ 参照上述方法将素材文件 3.jpg 编辑到素材文件 1.psd 中，并适当调整图像的大小，得到如下图所示的效果。

⑩ 将前景色设置为"f2d676"号色，选择【横排文字工具】T，在工具选项栏中的【设置字体系列】下拉列表中选择适当的字体，在【设置字体大小】下拉列表中选择适当的字号。

⑪ 在图像中输入如下图所示的文字，输入完成后单击工具选项栏中的【提交所有当前编辑】按钮 ✔ 确认操作。

⑫ 在工具选项栏中将文本颜色设置为白色，参照上述方法输入其他的文字，最终得到如下图所示的效果。

 练兵场 **制作漂亮的运动写真效果**

　　按照 8.4 节介绍的方法，应用路径功能以及文字工具制作漂亮的运动写真效果。操作过程可参见配套光盘\练兵场\运动风。

▲ 素材文件与最终效果对比

8.5　红色幻想

　　红色是充满激情的颜色，而且精致的气球也营造了活跃的气氛，本节将介绍如何制作红色系写真，将激情与活跃的元素组合在一起，时尚中略带有俏皮的味道。

▲ 素材文件与最终效果对比

本实例素材文件和最终效果所在位置如下。	
素材文件	第8章\8.5\素材文件\1.jpg~3.jpg
最终效果	第8章\8.5\最终效果\1.psd

1. 透空背景

① 打开本实例对应的素材文件 1.jpg。

② 按【Ctrl】+【J】组合键复制【背景】图层，得到【图层 1】图层。

③ 选择【选择】>【色彩范围】菜单项，弹出【色彩范围】对话框，在该对话框中选择【吸管工具】🖊，在背景上单击，调整【颜色容差】滑块，参数设置如下图所示，然后单击 确定 按钮。

④ 按【Shift】+【Ctrl】+【I】组合键将选区反选，按【Shift】+【F6】组合键，弹出【羽化选区】对话框，在该对话框中设置如下图所示的参数，单击 确定 按钮。

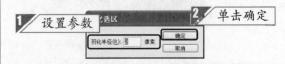

⑤ 按【Ctrl】+【Shift】+【I】组合键反选选区，打开【图层】面板，单击【添加图层蒙版】按钮 🔲，为【图层 1】图层创建图层蒙版。

6　隐藏【背景】图层，得到如图所示的效果。

7　按【Shift】键的同时单击【图层1】图层的图层蒙版缩览图，停用【图层1】图层的图层蒙版。

8　选择【钢笔工具】，工具选项栏中各参数

的设置如下图所示。

9　使用【钢笔工具】沿人物轮廓绘制路径，将人物勾出。

10　按【Ctrl】+【Enter】组合键将路径转换为选区。

11　单击【图层 1】图层的图层蒙版缩览图，将前景色设置为黑色，背景色设置为白色，按

【Ctrl】+【Delete】组合键填充背景色，得到
的图像效果如下图所示。

12 按【Ctrl】+【D】组合键取消选择，打开本实
例对应的素材文件 2.jpg。

13 使用【移动工具】 将素材文件 1.jpg 中的图
像拖动到素材文件 2.jpg 中。

14 按【Ctrl】+【T】组合键调整图像的大小和位
置，按【Enter】键使用变换效果，图像效果如
下图所示。

15 打开本实例对应的素材文件 3.jpg。

16 按【Ctrl】+【J】组合键复制图层，得到【图
层 1】图层。

17 用前面介绍的透空背景的方法将素材文件
3.jpg 中的人物图像抠出。

⑱ 使用【移动工具】🔁将素材文件 3.jpg 中的图像拖动到素材文件 2.jpg 中。

⑲ 按【Ctrl】+【T】组合键调整图像的大小和位置，按【Enter】键使用变换效果，图像效果如下图所示。

⑳ 打开【图层】面板，选择【图层 2】图层，在【设置图层的混合模式】下拉列表中选择【明度】选项。

㉑ 在【图层】面板中单击【添加图层样式】按钮 *fx*，在弹出的下拉菜单中选择【投影】菜单项。

㉒ 在弹出的【图层样式】对话框中设置如下图所示的参数，然后单击 确定 按钮。

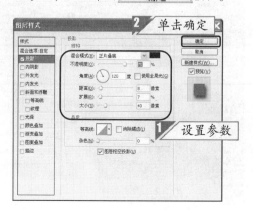

㉓ 选择【背景】图层，单击【创建新的填充或调整图层】按钮 ，在弹出的下拉菜单中选择【渐变】菜单项。

㉔ 弹出【渐变填充】对话框，在对话框中设置如下图所示的参数，然后单击 确定 按钮。

单击确定

设置参数

㉕ 在【设置图层的混合模式】下拉列表中选择【线性加深】选项，图像效果如下图所示。

2. 编辑细节

① 选择【图层1】图层的图层蒙版。

② 将前景色设置为黑色，背景色设置为白色，选择【画笔工具】 ，工具选项栏中各参数的设置如下图所示。

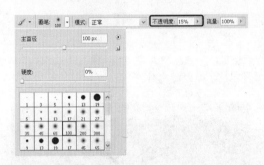

③ 按【[】和【]】键调整画笔的直径的大小，使用【画笔工具】 在人物边缘涂抹，使人物边缘与背景更好地融合，得到的图像效果如下图所示。

④ 选择【图层2】图层，按住【Ctrl】键单击图层蒙版缩览图，将人物部分载入选区。

⑤ 选择【图层 1】图层，单击【创建新图层】按钮 ，新建图层。

⑥ 单击【设置前景色】图标，弹出【拾色器（前景色）】对话框，在【#】文本框中输入"7d0000"，然后单击 确定 按钮。

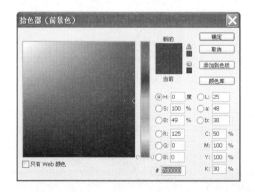

⑦ 按【Alt】+【Delete】组合键填充选区，按【Ctrl】+【D】组合键取消选区，得到的图像效果如下图所示。

⑧ 单击【设置前景色】图标，弹出【拾色器（前景色）】对话框，在【#】文本框中输入"710000"，然后单击 确定 按钮。

⑨ 选择【横排文字工具】 ，在工具选项栏中设置适当的字体及字号。

⑩ 在图像中输入"beauty"字样。

⑪ 选择【横排文字工具】 T ，在工具选项栏中设置适当的字体及字号。

| T | iT | Bickham Script ... | ∨ | Regular | ∨ | T | 70 点 | ∨ | a₄ | 平滑 | ∨ | ≡ | ≡ | ≡ |

⑫ 在图像中输入 "A heart that loves is always young" 字样，得到如下图所示的效果。

⑬ 使用【移动工具】 ⊹ 调整文字的位置，得到的图像最终效果如下图所示。

第9章

数码照片的商业应用

随着设计软件的不断更新，Photoshop 软件被广泛应用于广告设计领域，使用数码照片制作各种商业广告也逐渐成为一种流行趋势。本章主要介绍应用 Photoshop CS4 软件制作商业案例的操作过程。

关于本章知识，本书配套教学光盘中有相关的多媒体教学视频，请读者参看光盘【数码照片的商业应用】。

光盘链接

- 珠宝广告
- 洗化用品广告
- 江南水乡旅游广告
- 公益广告
- 易拉宝

9.1 珠宝广告

本节主要介绍应用色彩范围命令以及图层蒙版功能等制作漂亮的珠宝广告效果。

▲ 素材文件与最终效果对比

本实例素材文件和最终效果所在位置如下。	
素材文件	第9章\9.1\素材文件\1.jpg、1.tiff
最终效果	第9章\9.1\最终效果\1.psd

1. 人物抠图

① 打开本实例对应的素材文件 1.jpg，按【Ctrl】+【J】组合键复制图层，得到【图层1】图层。

② 选择【选择】▷【色彩范围】菜单项，弹出【色彩范围】对话框，在该对话框中选择【吸管工具】✒在背景上单击，调整【颜色容差】滑块，参数设置如下图所示，然后单击

确定 按钮。

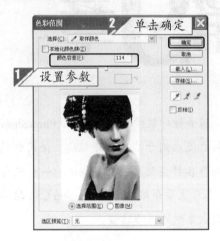

③ 将部分图像载入选区，得到如下图所示的效果。

④ 按【Ctrl】+【Shift】+【I】组合键反选选区，单击【图层】面板中的【添加图层蒙版】按钮 ▣，隐藏选区外的图像。

⑤ 隐藏【背景】图层，得到如下图所示的效果。

⑥ 显示【背景】图层，单击【图层 1】图层的图层蒙版缩览图。

⑦ 选择【钢笔工具】 ，在工具选项栏中设置如下图所示的选项。

⑧ 在图像中绘制人物轮廓的闭合路径。

⑨ 在工具选项栏中设置如下图所示的选项。

⑩ 在图像中绘制人物头发处的路径。

⑪ 按【Ctrl】+【Enter】组合键将路径转换为选区。

⑫ 将前景色设置为白色，按【Alt】+【Delete】组合键填充蒙版。

⑬ 按【Ctrl】+【D】组合键取消选区，隐藏【背景】图层，得到如下图所示的效果。

2. 构图设计

① 按【Ctrl】+【N】组合键，弹出【新建】对话框，在该对话框中设置如下图所示的参数，然后单击 确定 按钮。

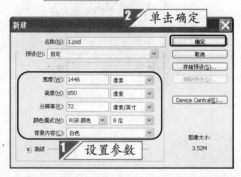

② 单击【设置前景色】图标，在弹出的【拾色器（前景色）】对话框中设置如下图所示的参数，然后单击 确定 按钮。

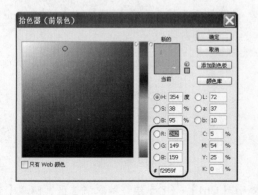

③ 按【Alt】+【Delete】组合键填充图像。

④ 将前景色设置为"f2d7d2"号色，背景色设置为"856cb2"号色，单击【创建新的填充或调整图层】按钮 ，在弹出的菜单中选择【渐变】菜单项。

⑤ 在弹出的【渐变填充】对话框中设置如下图所示的参数。

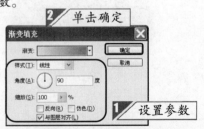

⑥ 单击【渐变】颜色条 ，弹出【渐变编辑器】对话框，从中设置如下图所示的参数，然后单击 确定 按钮。

⑦ 单击【渐变填充】对话框中的 确定 按钮。

⑧ 在【图层】面板中的【填充】文本框中输入 "95%"。

⑨ 打开本实例对应的素材文件 1.tiff，选中【花边】图层。

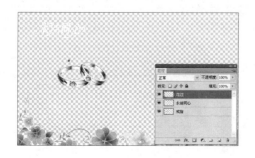

⑩ 选择【移动工具】，将素材文件 1.tiff 中的【花边】图层中的图像拖动到文件 1.psd 中。

⑪ 打开素材文件 1.jpg，选中【图层 1】图层。

⑫ 选择【移动工具】，将素材文件 1.jpg 中的【图层 1】图层中的图像拖动到文件 1.psd 中。

⑬ 按【Ctrl】+【T】组合键调出调整控制框，按住【Shift】键调整图像的大小，调整合适后按【Enter】键确认操作。

⑭ 选择【花边】图层，单击【创建新图层】按钮 ⬛，新建图层。

⑮ 选择【钢笔工具】✒，在工具选项栏中设置如下图所示的选项。

⑯ 在图像中绘制如下图所示的曲线路径。

⑰ 将前景色设置为白色，选择【画笔工具】✎，在工具选项栏中设置如下图所示的参数。

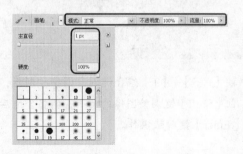

⑱ 按住【Alt】键单击【路径】面板中的【用画笔描边路径】按钮 ⭕，弹出【描边路径】对话框，从中设置如下图所示的选项，然后单击 确定 按钮。

⑲ 单击【路径】面板中的空白位置隐藏路径，得到如下图所示的效果。

⑳ 参照上述方法绘制其他的线条样式，得到如下图所示的效果。

3. 添加饰品及文字

① 打开本实例对应的素材文件 1.tiff，选中【戒指】图层。

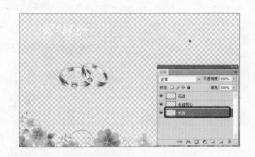

② 选择【移动工具】，将素材文件 1.tiff 中的
【戒指】图层中的图像拖动到文件 1.psd 中。

③ 按【Ctrl】+【J】组合键复制图层，得到【戒
指副本】图层。

④ 选择【编辑】➤【变换】➤【垂直翻转】菜单
项，将戒指副本图像垂直翻转，并使用【移动
工具】移动其位置。

⑤ 按【Ctrl】+【T】组合键调出调整控制框，灵
活地拖动鼠标以旋转戒指副本图像的角度，使
其与【戒指】图层中的图像相吻合，调整合适
后按【Enter】键确认操作。

⑥ 单击【添加图层蒙版】按钮 ，为该图层添
加图层蒙版。

⑦ 将前景色设置为黑色，在工具选项栏中设置如
下图所示的选项。

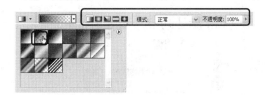

⑧ 按住【Shift】键在图像中由戒指副本图像的中
间位置向上拖动鼠标，添加渐变效果。

⑨ 打开本实例对应的素材文件 1.tiff，选中【永
结同心】图层。

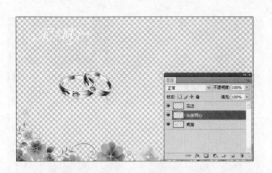

⑩ 选择【移动工具】，将素材文件 1.tiff 中的【永结同心】图层中的图像拖动到文件 1.psd中。

⑪ 按【Ctrl】+【J】组合键复制图层，得到【永结同心副本】图层。

⑫ 选择【编辑】▷【变换】▷【垂直翻转】菜单项，将戒指副本图像垂直翻转，并使用【移动工具】移动其位置。

⑬ 单击【添加图层蒙版】按钮，为该图层添加图层蒙版。

⑭ 将前景色设置为黑色，在工具选项栏中设置如下图所示的选项。

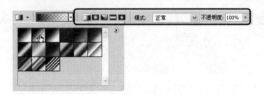

⑮ 按住【Shift】键在图像中由文字副本图像的下边缘位置向上拖动鼠标，添加渐变效果。

⑯ 单击【创建新图层】按钮，新建图层。

⑰ 将前景色设置为白色，选择【画笔工具】，打开【画笔】面板，从中设置如下图所示的参数。

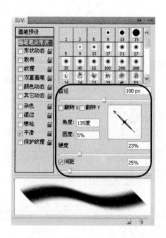

⑱ 在图像中绘制如下图所示的光束效果。

⑲ 打开【画笔】面板，从中设置如下图所示的参数。

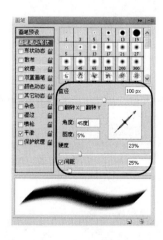

⑳ 在图像中绘制如下图所示的光束效果。

㉑ 打开【画笔】面板，从中设置如下图所示的参数。

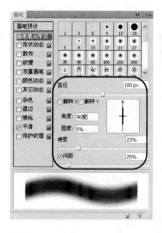

㉒ 在图像中绘制如下图所示的光束效果。

㉓ 打开【画笔】面板，从中设置如下图所示的参数。

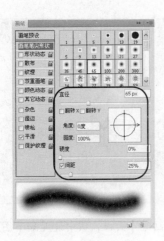

㉔ 在图像中光束的中心位置绘制发光源,得到如下图所示的效果。

㉕ 参照上述方法绘制其他的闪光点效果。

㉖ 适当变换画笔直径的参数,绘制背景上的点缀发光点,得到如下图所示的效果。

㉗ 在【图层】面板中的【设置图层的混合模式】下拉列表中选择【柔光】选项。

㉘ 最终得到如下图所示的效果。

9.2 洗化用品广告

本节主要介绍应用渐变填充命令以及图层蒙版功能等制作漂亮的洗化用品广告效果。

▲ 素材文件与最终效果对比

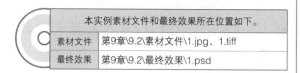

本实例素材文件和最终效果所在位置如下。

素材文件	第9章\9.2\素材文件\1.jpg、1.tiff
最终效果	第9章\9.2\最终效果\1.psd

1.　构图设计

① 按【Ctrl】+【N】组合键，弹出【新建】对话框，从中设置如下图所示的参数，然后单击
确定 按钮。

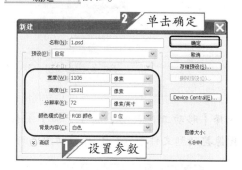

② 单击【设置前景色】图标，在弹出的【拾色器（前景色）】对话框中设置如下图所示的参数，然后单击 确定 按钮。

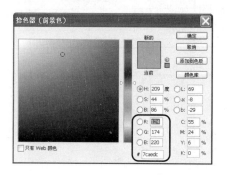

③ 单击【设置背景色】图标，在弹出的【拾色器（背景色）】对话框中设置如下图所示的参数，然后单击 确定 按钮。

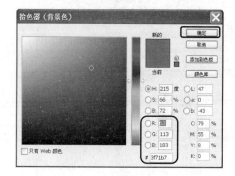

④ 选择【渐变工具】 ，在工具选项栏中设置如下图所示的选项。

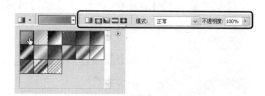

⑤ 在图像中由中心向外拖动鼠标，添加渐变效果。

⑥ 打开本实例对应的素材文件 1.jpg。

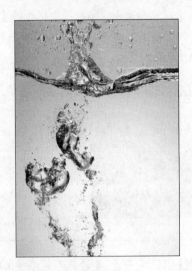

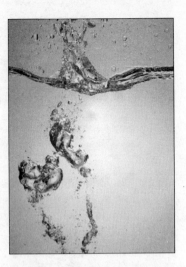

⑦ 选择【移动工具】，将素材文件 1.jpg 中的图像拖动到文件 1.psd 中，并移动图像的位置。

⑩ 打开本实例对应的素材文件 1.tiff，选中【产品】图层。

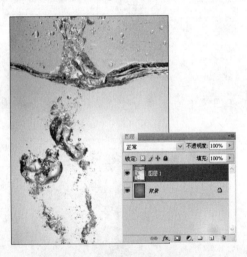

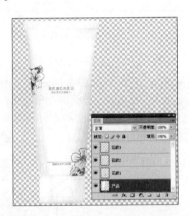

⑧ 在【设置图层的混合模式】下拉列表中选择【叠加】选项。

⑪ 选择【移动工具】，将【产品】图层中的图像拖动到文件 1.psd 中，并移动图像的位置。

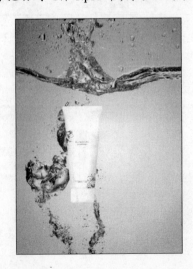

⑨ 设置混合模式后得到如下图所示的效果。

⑫ 按【Ctrl】+【J】组合键复制图层，得到【产品副本】图层。

⑬ 选择【编辑】▶【变换】▶【垂直翻转】菜单项，将图像垂直翻转，并使用【移动工具】向下移动图像的位置。

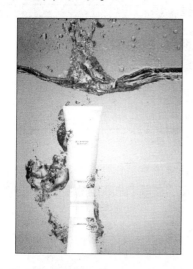

⑭ 单击【添加图层蒙版】按钮，为该图层添加图层蒙版。

⑮ 将前景色设置为黑色，选择【渐变工具】，在工具选项栏中设置如下图所示的选项。

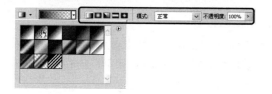

⑯ 在图像中由产品副本图像的下方向上拖动鼠标，添加渐变效果。

⑰ 在【图层】面板中选择【产品】图层，单击【添加图层样式】按钮，在弹出的菜单中选择【投影】菜单项。

⑱ 在弹出的【图层样式】对话框中设置如下图所示的参数，然后单击　确定　按钮。

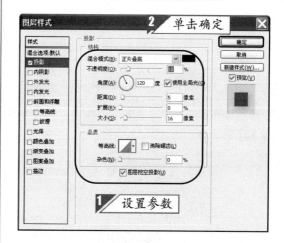

⑲ 添加投影后得到如下图所示的效果。

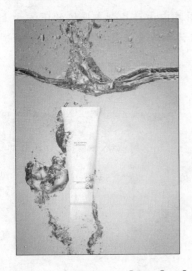

㉓ 单击【添加图层蒙版】按钮 ，为该图层添
加图层蒙版。

㉔ 将前景色设置为黑色，选择【画笔工具】 ，
在工具选项栏中设置如下图所示的参数。

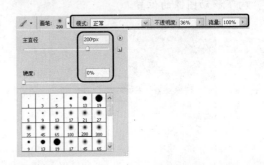

㉕ 在图像中涂抹蓝色的背景，将其多余的背景图
像隐藏，隐藏【产品】图层，得到如下图所示
的效果。

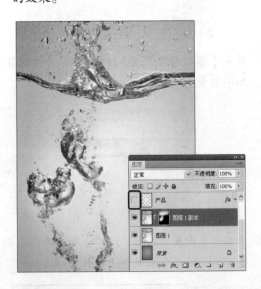

⑳ 选择【图层 1】图层，按【Ctrl】+【J】组合
键复制图层，在【设置图层的混合模式】下拉
列表中选择【正常】选项。

㉑ 按【Ctrl】+【J】组合键复制图层，得到【图
层 1 副本 2】图层，并将该图层移至最顶层。

㉒ 隐藏【图层 1 副本 2】图层，选中【图层 1 副
本】图层。

2.　装饰设计

① 显示全部图层，选择【图层 1 副本 2】图层，
在【设置图层的混合模式】下拉列表中选择【深
色】选项。

② 选择【选择】▶【色彩范围】菜单项，在弹出的【色彩范围】对话框中选择【吸管工具】🖊️，在图像中的背景部分单击，吸取颜色，设置如下图所示的参数，然后单击 确定 按钮。

③ 按【Ctrl】+【Shift】+【I】组合键反选选区，单击【添加图层蒙版】按钮 ◻️，隐藏部分图像。

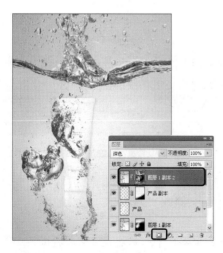

④ 选择【套索工具】🔲，在工具选项栏中设置

如下图所示的选项及参数。

⑤ 在图像中绘制如图所示的选区。

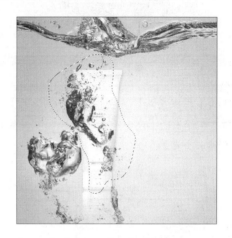

⑥ 按【Ctrl】+【Shift】+【I】组合键反选选区。

⑦ 将前景色设置为黑色，按【Alt】+【Delete】组合键填充蒙版，按【Ctrl】+【D】组合键取消选区。

⑧ 在【图层】面板中单击【图层 1 副本 2】图层的图层缩览图。

⑨ 选择【图像】➢【调整】➢【色彩平衡】菜单项，在弹出的【色彩平衡】对话框中设置如下图所示的参数，然后单击 ▭确定▭ 按钮。

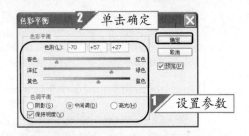

⑩ 设置色彩平衡后得到如下图所示的效果。

⑪ 在【图层】面板中选择【产品】图层。

⑫ 单击【创建新的填充或调整图层】按钮 ◑，在弹出的菜单中选择【照片滤镜】菜单项。

⑬ 在【照片滤镜】对应的面板中设置如下图所示的参数。

⑭ 按【Ctrl】+【Alt】+【G】组合键将调整图层嵌入到下一图层中。

⑮ 将图像添加【照片滤镜】样式后得到如下图所示的效果。

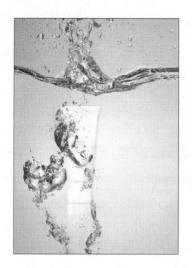

16 打开本实例对应的素材文件 1.tiff，选中【花纹 1】图层。

17 选择【移动工具】，将【花纹 1】图层中的图像拖动到文件 1.psd 中，并将该图层移至【产品】图层的下方。

18 使用【移动工具】，调整花纹的位置，得到如下图所示的效果。

19 参照上述方法将素材文件 1.tiff 中的【花纹 2】图层中的图像和【花纹 3】图层中的图像拖动到文件 1.psd 中，调整其位置，得到如下图所示的效果。

20 选择【花纹 3】图层，按【Ctrl】+【J】组合键复制图层，得到【花纹 3 副本】图层。

21 选择【编辑】➤【变换】➤【垂直翻转】菜单项，将图像垂直翻转，并使用【移动工具】

调整其位置。

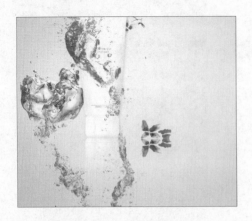

22 单击【添加图层蒙版】按钮 ，为该图层添加图层蒙版。

23 将前景色设置为黑色，选择【渐变工具】 ，在工具选项栏中设置如下图所示的选项。

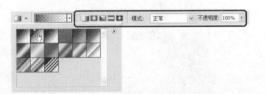

24 在图像中由【花纹3副本】图层中的图像的下方向上拖动鼠标，添加渐变效果。

3. 添加文字

① 将前景色设置为"074d79"号色，选择【横排文字工具】 T ，在工具选项栏中的【设置字体系列】下拉列表中选择适当的字体，在【设置字体大小】下拉列表中选择合适的字号。

② 在图像中输入如下图所示的文字，输入完成后单击工具选项栏中的【提交所有当前编辑】按钮 确认操作。

③ 参照上述方法在图像中输入其他的文字，最终得到如下图所示的效果。

9.3 江南水乡旅游广告

本节主要介绍应用图层混合模式命令以及图层蒙版功能等制作古典的江南水乡旅游广告效果。

▲　素材文件与最终效果对比

本实例素材文件和最终效果所在位置如下。	
素材文件	第9章\9.3\素材文件\1.jpg、2.jpg、1.tiff
最终效果	第9章\9.3\最终效果\1.psd

1.　构图设计

① 打开本实例对应的素材文件 1.jpg。

② 打开本实例对应的素材文件 2.jpg。

③ 选择【移动工具】 ，将素材文件 2.jpg 中的图像拖动到素材文件 1.jpg 中。

④ 在【设置图层的混合模式】下拉列表中选择【正片叠底】选项。

⑤ 按【Ctrl】+【J】组合键复制【图层 1】图层，得到【图层 1 副本】图层，在【设置图层

的混合模式】下拉列表中选择【柔光】选项。

⑥ 选择【滤镜】▷【模糊】▷【高斯模糊】菜单
项，在弹出的【高斯模糊】对话框中设置如下
图所示的参数，然后单击　确定　按钮。

⑦ 设置模糊滤镜后得到如下图所示的效果。

⑧ 连续按两次【Ctrl】+【J】组合键复制图层，
得到【图层1副本2】图层和【图层1副本3】
图层。

⑨ 复制图层后得到如下图所示的效果。

⑩ 隐藏【背景】图层，按【Ctrl】+【Alt】+【Shift】
+【E】组合键盖印图层，得到【图层2】图层。

⑪ 显示【背景】图层，选择【图像】▷【调整】
▷【去色】菜单项，将图像去色。

⑫ 选择【矩形选框工具】，在工具选项栏中
设置如下图所示的参数。

⑬ 在图像中绘制如下图所示的选区。

14 选择【背景】图层，按【Ctrl】+【C】组合键复制图像，按【Ctrl】+【V】组合键粘贴图像。

15 将【图层 3】图层移至【图层 2】图层的上方，在【设置图层的混合模式】下拉列表中选择【正片叠底】选项。

16 设置混合模式后得到如下图所示的效果。

17 打开本实例对应的素材文件 1.tiff，选中【山】图层。

18 选择【移动工具】，将【山】图层拖动到素材文件 1.jpg 中。

19 在【设置图层的混合模式】下拉列表中选择【正片叠底】选项。

20 单击【添加图层蒙版】按钮，为该图层添加图层蒙版。

㉑ 选择【画笔工具】 ✐ ，在工具选项栏中设置如下图所示的参数。

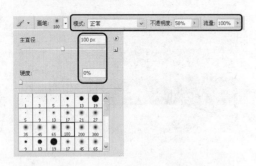

㉒ 按【 [】键和【] 】键调整画笔直径的大小，在图像中涂抹，隐藏部分山的图像，得到如下图所示的效果。

2. 细节装饰

① 打开本实例对应的素材文件 1.tiff，选择【大雁】图层。

② 选择【移动工具】 ⊹ ，将【大雁】图层中的图像拖动到素材文件 1.jpg 中。

③ 单击【创建新的填充或调整图层】按钮 ◑.，在弹出的菜单中选择【曲线】菜单项。

④ 在【曲线】对应的面板中设置如下图所示的曲线样式。

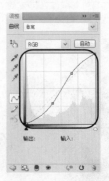

⑤ 添加曲线样式后得到如下图所示的效果。

⑥ 打开本实例对应的素材文件 1.tiff，选择【树枝】图层。

⑦ 选择【移动工具】⬚，将【树枝】图层中的图像拖动到素材文件 1.jpg 中。

⑧ 在【设置图层的混合模式】下拉列表中选择【正片叠底】选项。

⑨ 设置混合模式后得到如下图所示的效果。

⑩ 打开本实例对应的素材文件 1.tiff，选择【文字】图层。

⑪ 选择【移动工具】⬚，将【文字】图层中的图像拖动到素材文件 1.jpg 中。

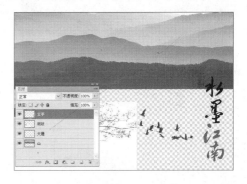

⑫ 将前景色设置为黑色，选择【直排文字工具】⬚，在工具选项栏中的【设置字体系列】下拉列表中选择适当的字体，在【设置字体大小】下拉列表中选择合适的字号。

⑬ 在图像中输入如下图所示的文字，输入完成后单击工具选项栏中的【提交所有当前编辑】按钮⬚确认操作。

⑭ 单击【创建新的填充或调整图层】按钮 ，在弹出的菜单中选择【色阶】菜单项。

⑮ 在【色阶】对应的面板中设置如下图所示的参数。

⑯ 最终得到如下图所示的效果。

9.4 公益广告

本节主要介绍应用调整图层以及滤镜功能等制作绿色环保广告效果。

▲ 素材文件与最终效果对比

本实例素材文件和最终效果所在位置如下。	
素材文件	第9章\9.4\素材文件\1.jpg、1.tiff
最终效果	第9章\9.4\最终效果\1.psd

1. 绘制阳光

① 打开本实例对应的素材文件 1.jpg，单击【创建新的填充或调整图层】按钮 ，在弹出的菜单中选择【色阶】菜单项。

② 在【色阶】对应的面板中设置如下图所示的参数。

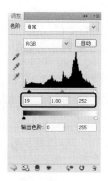

③ 单击【创建新的填充或调整图层】按钮 ，在弹出的菜单中选择【色相/饱和度】菜单项。

④ 在【色相/饱和度】对应的面板中设置如下图所示的参数。

⑤ 单击【创建新的填充或调整图层】按钮 ，在弹出的菜单中选择【色彩平衡】菜单项。

⑥ 在【色彩平衡】对应的面板中选中【阴影】单选钮，设置如下图所示的参数。

⑦ 在【色彩平衡】对应的面板中选中【高光】单选钮，设置如下图所示的参数。

⑧ 设置完成后得到如下图所示的效果。

Photoshop CS4 数码照片处理从入门到精通

⑨ 单击【创建新图层】按钮 ，新建图层。

⑩ 将前景色设置为白色，选择【画笔工具】 ，
在工具选项栏中设置如下图所示的参数。

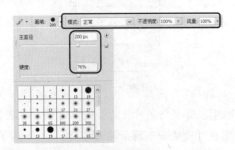

⑪ 在图像中绘制如下图所示的白色区域。

⑫ 单击【添加图层样式】按钮 ，在弹出的菜
单中选择【外发光】菜单项。

⑬ 在弹出的【图层样式】对话框中设置如下图所
示的参数，然后单击 确定 按钮。

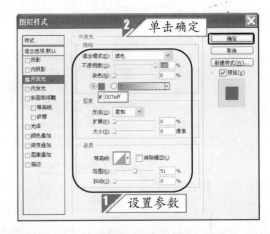

⑭ 按【Ctrl】+【J】组合键复制【图层1】图层，
得到【图层1副本】图层。

⑮ 选择【图层1】图层，选择【滤镜】▷【模糊】
▷【高斯模糊】菜单项，在弹出的【高斯模糊】
对话框中设置如下图所示的参数，然后单击
确定 按钮。

338

16 高斯模糊后得到如下图所示的效果。

17 选择【钢笔工具】，在工具选项栏中设置如下图所示的选项。

18 在图像中绘制如下图所示的闭合路径。

19 按【Ctrl】+【Enter】组合键将路径转换为选区。

20 单击【创建新图层】按钮，新建图层。

21 将前景色设置为白色，按【Alt】+【Dclctc】组合键填充选区，按【Ctrl】+【D】组合键取消选区。

22 选择【滤镜】➤【模糊】➤【高斯模糊】菜单项，在弹出的【高斯模糊】对话框中设置如下图所示的参数，然后单击 确定 按钮。

②③ 高斯模糊后得到如下图所示的效果。

②④ 单击【添加图层蒙版】按钮 ，为该图层添加图层蒙版。

②⑤ 将前景色设置为黑色，选择【渐变工具】 ，在工具选项栏中设置如下图所示的选项。

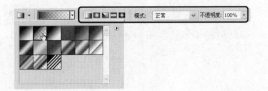

②⑥ 在绘制的光束上由右下方至左上方拖动鼠标，添加渐变效果。

②⑦ 单击【添加图层样式】按钮 ，在弹出的菜单中选择【外发光】菜单项。

②⑧ 在弹出的【图层样式】对话框中设置如下图所示的参数，然后单击 确定 按钮。

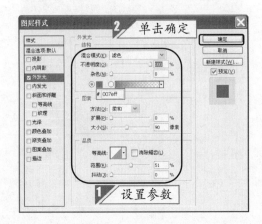

㉙ 添加外发光样式后得到如下图所示的效果。

㉚ 参照上述方法绘制其他的光束, 得到如下图所示的效果。

2. 细节设计

① 单击【创建新图层】按钮 ▣, 新建图层。

② 单击【设置前景色】图标, 在弹出的【拾色器（前景色）】对话框中设置如下图所示的参数, 然后单击 确定 按钮。

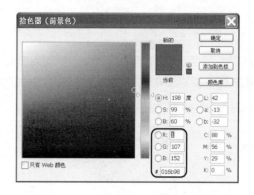

③ 选择【画笔工具】 ✎, 在工具选项栏中设置如下图所示的参数。

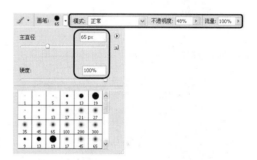

④ 按【[】键和【]】键调整画笔直径的大小, 分别在图像中绘制如下图所示的圆点。

⑤ 将前景色设置为白色, 单击【创建新图层】按钮 ▣, 新建图层。

⑥ 选择【画笔工具】 ，在工具选项栏中设置如下图所示的参数。

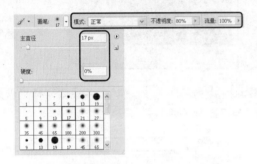

⑦ 分别在图像中绘制如下图所示的圆点。

⑧ 打开本实例对应的素材文件 1.tiff。

⑨ 选择【移动工具】 ，将【地球】图层中的图像拖动到素材文件 1.jpg 中。

⑩ 单击【添加图层样式】按钮 ，在弹出的菜单中选择【外发光】菜单项。

⑪ 在弹出的【图层样式】对话框中设置如下图所示的参数，并将描边颜色设置为白色，然后单击 确定 按钮。

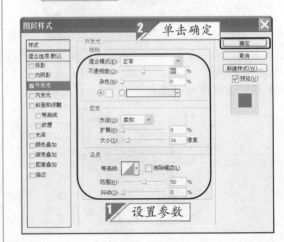

⑫ 单击【创建新图层】按钮 ，新建图层。

⑬ 将前景色设置为"7de5ff"号色，选择【椭圆选框工具】 ，在工具选项栏中设置如下图所示的参数。

⑭ 在图像中绘制如下图所示的选区。

⑮ 按【Alt】+【Delete】组合键填充选区，按【Delete】键删除部分图像。

⑯ 按【Ctrl】+【D】组合键取消选区，按【Ctrl】+【J】组合键复制图层，得到【图层5副本】图层。

⑰ 按【Ctrl】+【T】组合键调出调整控制框，按住【Shift】键调整图像的大小，调整合适后按【Enter】键确认操作。

⑱ 单击【添加图层蒙版】按钮 ，为该图层添加图层蒙版。

⑲ 选择【画笔工具】 ，在工具选项栏中设置如下图所示的参数。

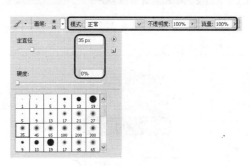

20 将前景色设置为黑色，在图像中涂抹光圈图像，隐藏部分图像，得到如下图所示的效果。

21 按【Ctrl】+【J】组合键复制图层，得到【图层5副本2】图层。

22 使用【移动工具】 ，向上微移图像，得到如下图所示的效果。

23 选择【地球】图层，单击【创建新图层】按钮 ，新建图层。

24 将前景色设置为白色，选择【画笔工具】 ，在工具选项栏中设置如下图所示的参数。

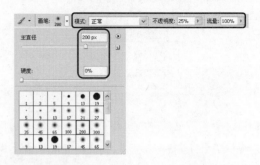

25 在图像中绘制如下图所示的白色区域。

26 选择【椭圆选框】工具 ，在工具选项栏中设置如下图所示的参数。

27 在图像中绘制如下图所示的选区。

28 按【Ctrl】+【Shift】+【I】组合键反选选区，按【Delete】键删除多余的图像。

29 按【Ctrl】+【D】组合键取消选区，选择【地球】图层，在【填充】文本框中输入"45%"。

30 改变参数后得到如下图所示的效果。

3. 添加文字及装饰

1 选择【横排文字工具】 **T**，在工具选项栏中的【设置字体系列】下拉列表中选择适当的字体，在【设置字体大小】下拉列表中选择合适的字号。

2 在图像中输入如下图所示的文字，输入完成后单击工具选项栏中的【提交所有当前编辑】按钮 ✔ 确认操作。

3 参照上述方法输入其他的文字，得到如下图所示的效果。

4 单击【创建新图层】按钮 ，新建图层。

⑤ 将前景色设置为白色，选择【画笔工具】 ，在【画笔】面板中设置如下图所示的参数。

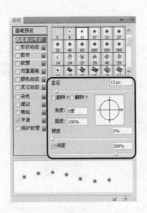

⑥ 选择【形状动态】选项，设置如下图所示的参数。

⑦ 选择【散布】选项，设置如下图所示的参数。

⑧ 使用【画笔工具】 ，在图像中绘制如下图所示的点状样式，最终得到如下图所示的效果。

9.5　易拉宝

本节主要介绍应用文字工具以及滤镜功能等制作漂亮的超长易拉宝效果。

▲ 素材文件与最终效果对比

本实例素材文件和最终效果所在位置如下。

素材文件	第9章\9.5\素材文件\1.jpg、1.tiff
最终效果	第9章\9.5\最终效果\1.psd

1.　构图设计

① 打开本实例对应的素材文件 1.jpg，选择【图像】▶【画布大小】菜单项。

② 在弹出的【画布大小】对话框中设置如下图所示的参数，然后单击 ▭确定▭ 按钮。

③ 单击【设置前景色】图标，在弹出的【拾色器（前景色）】对话框中设置如下图所示的参数，然后单击 ▭确定▭ 按钮。

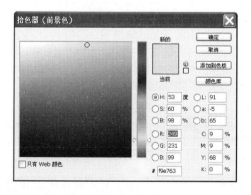

④ 选择【矩形工具】 ▭，在工具选项栏中设置如下图所示的选项。

⑤ 单击【创建新图层】按钮 ▯，新建图层。

⑥ 使用【矩形工具】 ▭ 在图像的下方绘制如下图所示的矩形形状。

⑦ 选择【钢笔工具】 ✎，在工具选项栏中设置如下图所示的选项。

⑧ 在图像中灵活地拖动鼠标，绘制如下图所示的闭合路径。

⑨ 在工具选项栏中设置如下图所示的选项。

⑩ 在图像中绘制减去图像部分的闭合路径。

⑪ 打开【路径】面板，单击【工作路径】路径，将绘制的全部路径选中。

⑫ 按【Ctrl】+【Enter】组合键将路径转换为选区。

⑬ 单击【创建新图层】按钮 ，创建新图层。

⑭ 按【Alt】+【Delete】组合键填充选区。

⑮ 按【Ctrl】+【D】组合键取消选区。打开本实例对应的素材文件 1.tiff，选择【花纹】图层。

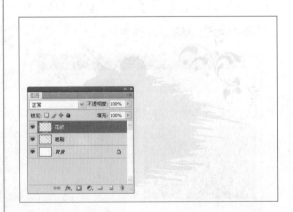

⑯ 选择【移动工具】 ，将素材文件 1.tiff 中的【花纹】图层拖动到素材文件 1.jpg 中。

⑰ 按【Ctrl】+【J】组合键复制图层，得到【花纹副本】图层。

⑱ 选择【编辑】➤【变换】➤【垂直翻转】菜单项。

⑲ 将复制的花纹图像垂直翻转后得到如下图所示的效果。

⑳ 选择【编辑】➤【变换】➤【水平翻转】菜单项。

㉑ 将复制的花纹图像水平翻转后，使用【移动工具】移动图像的位置，得到如下图所示的效果。

㉒ 打开本实例对应的素材文件 1.tiff，选择【笔刷】图层。

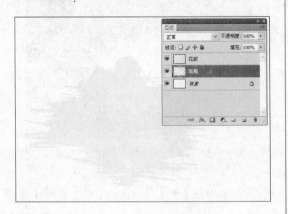

㉓ 选择【移动工具】，将素材文件 1.tiff 中的【笔刷】图层拖动到素材文件 1.jpg 中。

2. 文字设计

① 将前景色设置为黑色，选择【横排文字工具】，在工具选项栏中的【设置字体系列】下拉列表中选择合适的字体，在【设置字体大小】下拉列表中选择合适的字号。

② 在图像中输入如下图所示的文字，输入完成后单击工具选项栏中的【提交所有当前编辑】按钮确认操作。

③ 选择【编辑】➢【变换】➢【旋转】菜单项。

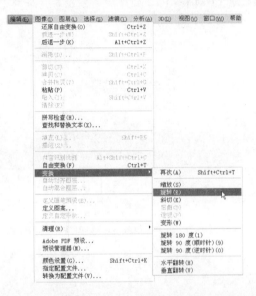

④ 在图像中顺时针旋转文字，旋转至合适角度后按【Enter】键确认操作。

⑤ 按【Ctrl】+【J】组合键复制文字图层，得到文字副本图层。

⑥ 在文字副本图层上单击鼠标右键，在弹出的菜单中选择【栅格化文字】菜单项。

⑦ 文字栅格化后，将栅格的文字图层移至文字图层的下方。

⑧ 选择栅格的文字图层，选择【滤镜】➤【模糊】➤【动感模糊】菜单项。

⑨ 在弹出的【动感模糊】对话框中设置如下图所示的参数，然后单击 确定 按钮。

⑩ 添加滤镜效果后得到如下图所示的效果。

⑪ 在【图层】面板中的【填充】文本框中输入"60%"。

12 设置完参数后得到如下图所示的效果。

13 参照操作步骤①～⑫中的方法编辑其他的动态文字效果。

14 将前景色设置为黑色，选择【横排文字工具】T，在工具选项栏中的【设置字体系列】下拉列表中选择合适的字体，在【设置字体大小】下拉列表中选择合适的字号。

15 在图像中输入如下图所示的文字，输入完成后单击工具选项栏中的【提交所有当前编辑】按钮✓确认操作。

16 选择【编辑】▷【变换】▷【旋转】菜单项。

17 在图像中顺时针旋转文字图像，旋转至合适角度后按【Enter】键确认操作。

⑱ 参照操作步骤⑭～⑰中的方法编辑其他的文
　字，得到如下图所示的效果。

⑲ 将前景色设置为黑色，选择【横排文字工具】
　T，在工具选项栏中的【设置字体系列】下
　拉列表中选择合适的字体，在【设置字体大小】
　下拉列表中选择合适的字号。

⑳ 在图像中输入如下图所示的文字，输入完成后
　单击工具选项栏中的【提交所有当前编辑】按
　钮✔确认操作。

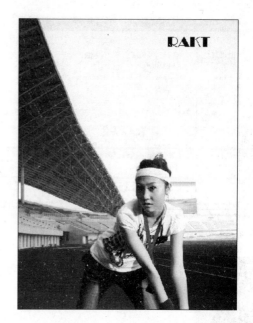

㉑ 单击【添加图层样式】按钮 fx，在弹出的菜
　单中选择【描边】菜单项。

㉒ 在弹出的【图层样式】对话框中设置如下图所
　示的参数，并将描边颜色设置为白色。

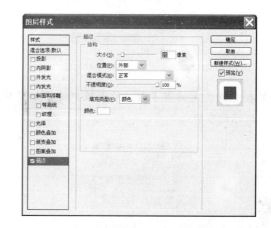

㉓ 单击并选择【投影】选项，从中设置如下图所
　示的参数，然后单击 确定 按钮。

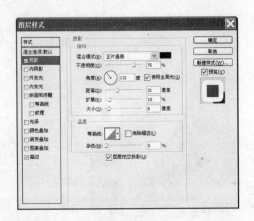

㉔ 添加图层样式后得到如下图所示的效果。

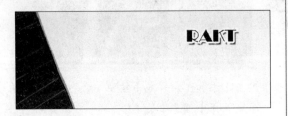

㉕ 在【图层】面板中选中最上面的图层，单击【创建新的填充或调整图层】按钮，在弹出的菜单中选择【亮度/对比度】菜单项。

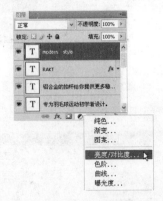

㉖ 在【亮度/对比度】对应的面板中设置如下图所示的参数。

㉗ 单击【创建新的填充或调整图层】按钮，在弹出的菜单中选择【照片滤镜】菜单项。

㉘ 在【照片滤镜】对应的面板中设置如下图所示的参数。

㉙ 最终得到如下图所示的效果。